JN169956
シンクイット
Think IT
THINK IT BOOKS
ものづくりをステップアップ
ミニフライス盤
CNC化実践マニュアル
榊 正憲＝著
フライス盤の基本的な仕組みから
制御ソフトウェアMach 3/4の
操作方法まで、詳細に解説！
インプレス

はじめに

物作りを楽しんでいる人に共通することがあります。いろいろな物を作り、ある程度経験を積むと、道具に関して不満がつのるのです。こんな部品が必要なのだが、今ある道具ではうまく作れない、あるいは十分な精度で加工できないといったことです。

穴あけひとつとっても、最初は手回しドリルや手持ちの電動ドリルを使いますが、より正確な穴あけ、効率的な作業のために、ボール盤が欲しくなってきます。軸のような部品であれば、単に棒材を切って使うだけでなく、旋盤を使って複雑な形状に仕上げたくなります。あるいはフライス盤を使って、金属の塊をいろいろな形に仕上げたり、板を自由に切り出したりしたくなります。

つまり手工具だけでなく、工作機械が欲しくなるのです。

かつては、このような作業を行うための工作機械は大きく高価で、とても個人が趣味のために持つことはできませんでした。しかし今では、外国製の安価な小型工作機械が市場に出回っており、個人でも購入できるようになりました。業務用のものに比べれば、能力も精度も劣りますが、あるとないとでは大違いです。

一部のアマチュアは、このような工作機械をベースにして、コンピュータ制御できるように改造しました。ハンドルを手回ししてテーブルを動かす代わりに、コンピュータ制御のモーターで動かすことで、複雑な加工を自動的に実行できるようにしました。

業務用工作機械の世界では、このようなコンピュータ制御の工作機械（CNC、Computer Numerical Control）は普通に使われていましたが、それがアマチュアにも手の届くものになったのです。

筆者自身も、最近念願のフライス盤を導入しました。そしてフライス盤を使った最初の工作が、そのフライス盤をCNC化する改造でした。本書は、自身の改造の体験をもとに、CNCフライス盤の基礎的な知識、改造の実例、ソフトの紹介などをまとめたものです。

CNC改造は多くの人が実践していますが、決して手軽な工作とはいえません。筆者もまだ体験も浅く、人に自信を持って説明できるようなレベルではないのですが、それでも本書が、このような改造をしたい人の一助になれば幸いです。

2016年初春

著者記す

●本書の利用について

◆本書の内容に基づく実施・運用において発生したいかなる損害も、株式会社インプレスと著者は一切の責任を負いません。

◆本書の内容は、2015 年 12 月の執筆時点のものです。本書で紹介した製品／サービスなどの名称や内容は変更される可能性があります。あらかじめご注意ください。

◆Web サイトの画面、URL などは、予告なく変更される場合があります。あらかじめご了承ください。

◆本書に掲載した操作手順は、実行するハードウェア環境や事前のセットアップ状況によって、本書に掲載したとおりにならない場合もあります。あらかじめご了承ください。

◆フライス盤の構造や大きさは製品ごとに異なるため、それにモーターを取り付ける改造はそれぞれで変わってきます。また方法も一通りではなく、さまざまなやり方があります。本書で紹介している方法はあくまでも一般論や、筆者が行った改造の紹介です。実際に自分で作業する場合、自分で考えて設計／加工する必要があります。

◆フライス盤の改造は、製造メーカーが保証するものではありません。改造を行った場合は、一般にメーカーや販売店の保証対象外になり、修理なども行えなくなる可能性があります。改造は自己責任で行ってください。また、本書の内容について、製造メーカーへのお問い合わせはご遠慮ください。

目次

第1章 ミニフライス盤の基礎知識

本書ではフライス盤のCNC改造について解説しますが、最初にフライス盤そのものについて簡単に説明します。

フライス盤は工作機械の一種ですが、本書で取り上げているのは工場などで使う本格的なものではなく、アマチュアの趣味、実験室での軽加工といった用途に向けた、ミニ工作機械と呼ばれる部類のものです。ミニフライス盤は業務用機器に比べると、小型軽量、小出力、低剛性ですが、基本的な構造は同じです。

1-1 フライス盤の構造

フライス盤は、回転するツール（フライス盤では刃物のことをツールと呼びます）を材料に当てて、材料の表面や側面を削り取るという加工を行います（加工する材料や半完成品は、しばしばワークと呼ばれます）。材料は前後左右に移動する台の上に固定され、回転するツールは上下に移動できます。これにより、材料の表面や側面を平らにしたり、穴をあけたり、溝を掘ったりできます。

このような加工を行うために、フライス盤は材料を固定するテーブルと、ツールを駆動する主軸（スピンドル）、その主軸を支える主軸ヘッドを備えています。テーブルは水平面でX-Y方向に移動し、主軸はテーブルに対して上下に、つまりZ方向に移動します。この動きを組み合わせ、回転するツールを材料の任意の部分に当て、切削を行います。ツールは切削時に材料からの反力を受けるので、フライス盤のテーブルや主軸を支える部材は、いろいろな向きの力に対して強固な構造であることが求められます。

フライス盤は、材料に対してX、Y、Zで指定される位置にツールを移動させられますが、これを実現するための構造として、ベッド型、門型、ニー型があります。

本書では、この中のベッド型のミニフライス盤の改造を取り上げています。

1-1-1　門型

門型フライス盤は、図 1-1 のように 2 本のコラム（柱）の間に渡した梁に、主軸ヘッドが装着される構造です。このコラムと梁が門のような形になるので、門型といいます。

主軸ヘッドは、この梁に沿って左右に移動し、さらに主軸が上下に移動します。2 本のコラムの間に置かれたテーブルは、梁の向きと直角の方向に移動します。これで、X、Y、Z の移動ができます。

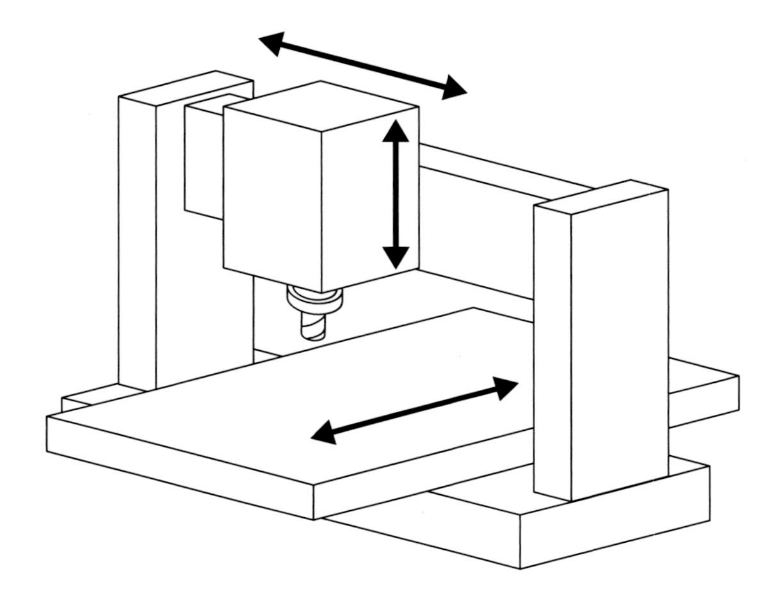

図 1-1　門型フライス盤

アマチュア向けの門型フライス盤は、板材の切り抜き、木材や樹脂の 3D 加工など、比較的軽負荷の切削を意図した用途に使われます。このタイプは CNC 専用機がほとんどです。業務用では、大きな材料を切削する大型加工機にこのような構造のものがあります。

1-1-2　ベッド型

一般にミニフライス盤と呼ばれる機器は、ほとんどが図 1-2 に示したようなベッド型構造です。

ベース部（台座）の奥側にコラム（柱）があり、主軸ヘッドはコラムのレールに沿って上下に移動します。ベース部の手前側には前後方向（Y 軸）のレールがあり、その上に前後に移動するサドルという部品が載ります。サドルの上面には左右方向（X 軸）のレールがあり、そこにテーブルが装着されます。

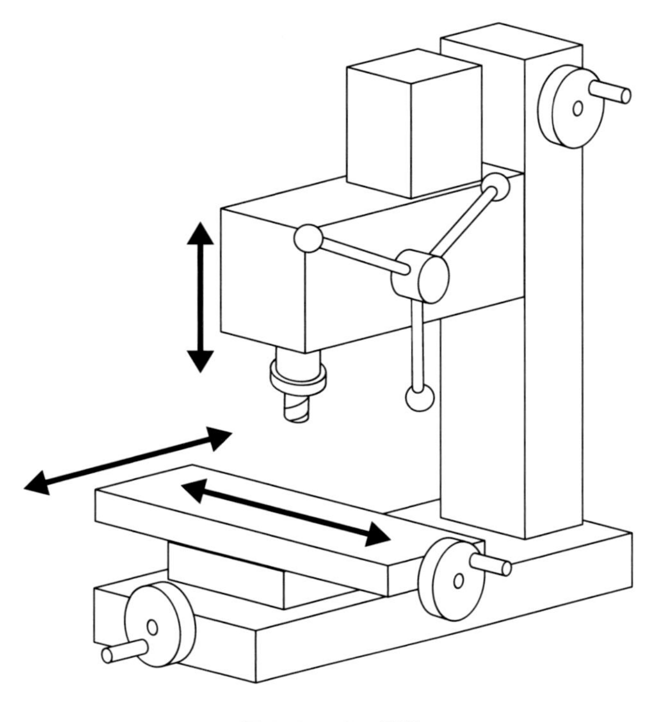

図 1-2　ベッド型

ベース部にはサドルを Y 軸方向に移動させる送りネジとハンドルがあり、サドル側のナットと噛み合います。X 軸方向のハンドルと送りネジはテーブル側に装着されており、サドル側のナットに噛み合います。主軸ヘッドはコラム内の送りネジで上下し、そのハンドルは、コラムの最上部や側面、あるいは軸で伸ばして Y 軸ハンドルのそばにあります。

1-1-3　ニー型

ベッド型に似ていますが、主軸ヘッドが上下するのではなく、テーブル側が上下します。主軸ヘッドは移動しないので、コラムと一体になっています。このタイプには、主軸ヘッド部を水平軸になるように組み替えて、横フライス盤としても使えるものもあります。

ベース部の上には、コラムに沿って垂直に上下（Z 軸）するニー部（膝）があり、その上に前後方向（Y 軸）に移動するサドル、その上に左右方向（X 軸）に移動するテーブルがあります（図 1-3）。ニー部の上下もネジで行われますが、重量物の上下動なので、大型のハンドルが使われます。工場などで使われる汎用フライス盤にはこのタイプが多くありますが、アマチュア向けのミニフライス盤にはほとんどありません。

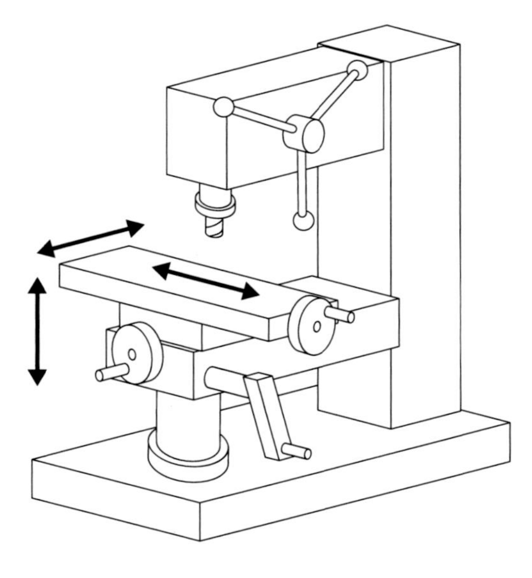

図 1-3　ニー型

◎ Column ◎ 横フライス盤

フライス盤には、横フライス盤という種類があります（ここまで説明してきたものは、横フライス盤に対して縦フライス盤といいます）。ミニ工作機械にはこの形はほとんどありません。

横フライス盤は、図 1-4 のように Y 軸と平行な主軸をもち、丸いカッターを主軸に装着し、材料の上面を切削します。これは一定の断面を持つある程度の長さを加工するのに向いています。横フライス盤は主軸部分が大きくなるので、ニー型です。

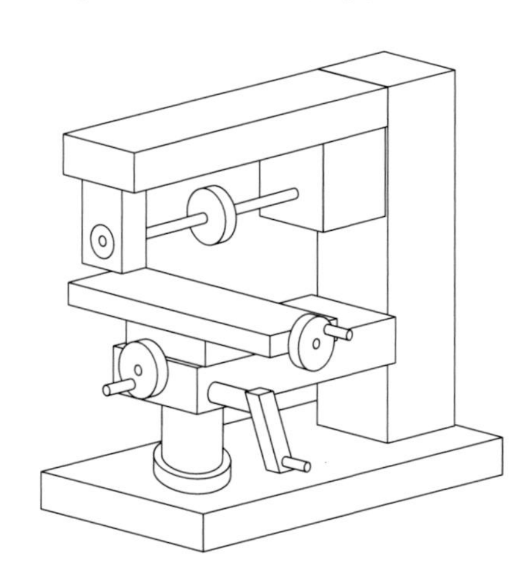

図 1-4　横フライス盤

1-2 主軸と主軸ヘッド

フライス盤は、回転するツールで材料を切削します。このツールを取り付ける回転軸が主軸で、それを支え、モーターなどを内蔵している部分が主軸ヘッドです。

1-2-1 主軸

主軸はモーターで回転し、先端に刃物を取り付けられる構造になっています。フライス盤では、切削刃物のことを「ツール」と呼びます。

主軸は中空軸で、先端の内側はテーパー（円錐の断面）になっています。このテーパー部に、ツールを取り付けるためのコレット類、あるいはツールを直接取り付けます。コレットの軸にはネジ穴が開いており、主軸の上側から長いネジを使って締め付けます。このネジを引きネジといいます（**図1-5**）。業務用の大きな機器では、引きネジではなく専用の固定金具を使用し、ワンタッチで脱着できるようになっています。また引きネジを使わず、テーパーの摩擦力だけで固定するツールもあります。

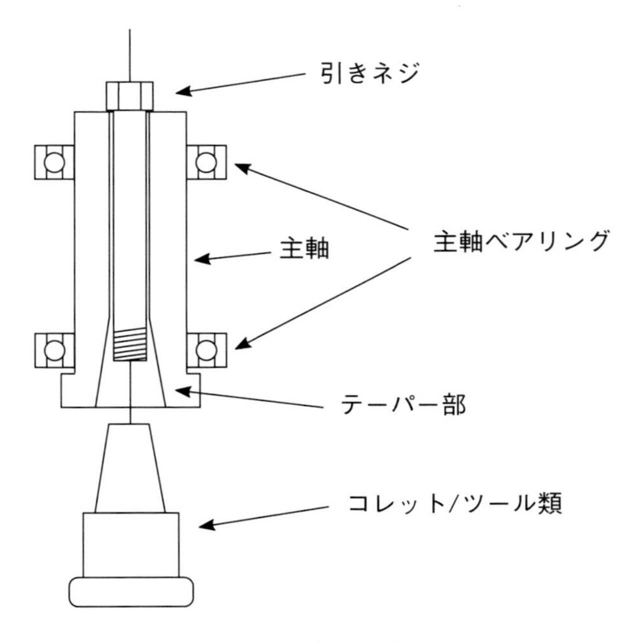

図1-5　主軸の構造

コレットは取付け部が円筒形になっているツールを装着するための固定具で、主軸に直接装着するか、あるいは主軸に取り付けたコレットホルダーに装着します（**写真1-1**）。コレットはドリルチャックよりも強力にツールを保持することができます。フライス盤では、ツールは軸方向だけでなく、横方向にも力がかかるため、ドリルチャックのような接触面の狭い固定具では強度が足りないのです。ただしコレットは、装着できる刃物径が決まっており、刃物の直径ごとに別のコレットを用意する必要があります。

またドリルを使った穴あけなどのために、コレットの代わりにドリルチャックを取り付けることもできます。

写真 1-1　コレットとコレットホルダー

◎ Column ◎ テーパーの規格

フライス盤の主軸に限らず、多くの工作機械はツールや各種アタッチメントを装着するために、テーパー勘合という方法を使っています。これは円錐形に加工（テーパー加工）した軸を、円錐形の穴に差し込むという固定方法です。軸と穴は同じ角度になっているので、差し込むだけで中心が揃い、また面接触なので大きなトルクを伝えられます。

テーパー部の大きさや角度には、用途に応じていくつか規格があります。モールステーパー（MT）、ジャコブステーパー（JT）、ナショナルテーパー（NT）、ボルトテーパー（BT）などがあります。ほとんどのミニフライス盤の主軸は、MT 規格のテーパーになっており、小型のものは MT2、中型は MT3 が広く使われています。

1-2-2　主軸ヘッド

主軸ヘッドは主軸を収めた部分で、主軸ベアリング、クイル、クイル上下機構、モーター、ギヤボックス（あるいはプーリーとベルト）などから構成されます（図 1-6）。

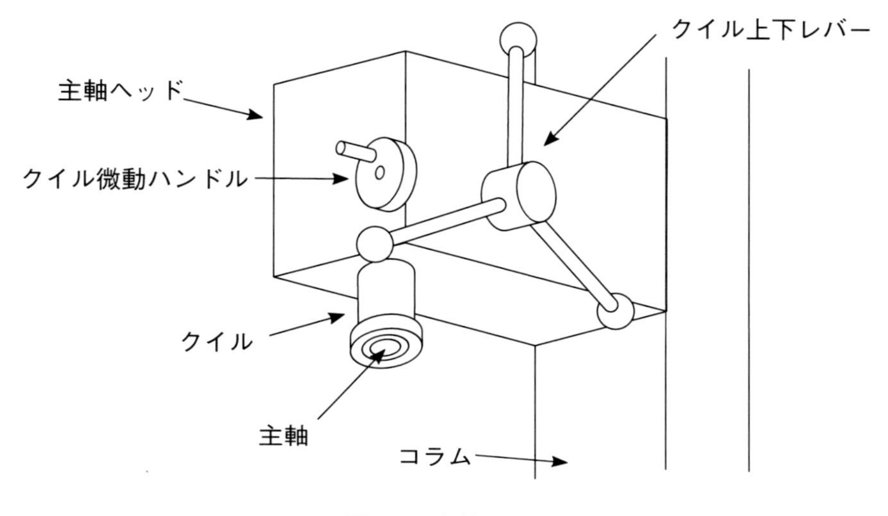

図 1-6　主軸ヘッド

主軸は、クイルという部品の内部で回転します。クイルは主軸ヘッド内で数十ミリメートルから 100 ミリメートル程度、レバー操作で上下に動かすことができます。ボール盤の主軸上下機構とほぼ同じです。またレバーとは別に、ギヤで減速された上下ハンドルもあり、クイルの上下を数十分の一ミリメートル程度の精度で微調整できます。

クイルの上下は主軸ヘッドの上下とは別の操作です。一般に手動操作機では、おおまかな位置決めを主軸ヘッドの上下で、精密な位置決めをクイルの上下で行います。

主軸は、ギヤボックスやベルトを介して、モーターで回転します。主軸の回転速度は、モーターの電子制御、ベルトの掛け替え、ギヤの切り替えで変えることができます。ミニフライス盤では電子制御 DC モーターが広く使われています。この方式は低速時にトルクが不足しがちなので、高速/低速のギヤ切り替えを併用するのが一般的です。低速トルクを大きくできるインバーター制御の場合は、ギヤ切り替えを行わないものもあります。

主軸ヘッドが上下する構造のフライス盤では、モーターやギヤボックスなどは主軸ヘッド内に組み込まれ、全体が一緒に上下します。

主軸ヘッドはコラムのレールに沿って移動します。上下移動は、コラム内の送りネジで行います。

1-3 テーブル

テーブルは加工する材料を固定する台です。ツールを移動しながら材料を削るという操作を行うために、フライス盤はテーブルを前後左右に移動させることができます。つまり材料がツールに対して移動するという形になります。

テーブルの形状は、フライス盤の構造によって多少変わります。ベッド型とニー型のテーブルは、横（X 方向）が長く、縦（Y 方向）は横方向の 1/3 から 1/4 程度のサイズになります。例えば横幅が 600mm、奥行きが 150mm といったサイズです。ベッド型とニー型は、コラムと主軸の間の距離（フトコロ）を大きくすると、テーブルに対する主軸の剛性が低下してしまうため、あまり距離を取れないのです。横方向にはそのような問題が少ないので、横長テーブルとなります。

門型の場合は、両側から支えること、そもそも重切削を意図していない機器が多いことなどから、ベッド型などよりもテーブルを大きくできます。板材の切り出しといった用途を考慮した門型機器では、縦横ともそれなりのサイズとなっています。また、産業用の大型工作機械では、剛性を高めるために門型構造になっているものがあります。

テーブルには、材料を固定するボルト/ナットを取り付けるための溝（T 溝）が掘られています。これは断面が逆 T 字型の溝で、この溝にはまる形状の T ナットというナットをセットすることで、溝の任意の場所でボルトを使うことができます。

テーブルへの材料の固定は、いくつかの方法があります。

●バイス

フライス盤用のバイスを T 溝を使って固定し、このバイス（**写真 1-2**）に材料を挟んで加工します。材料はバイスで挟める形状でなければなりません。

●クランプ金具

T 溝を使って頭のないスタッドボルトを立て、そこに固定用のクランプ金具（押え金）をはめてナットで締めます。必要に応じて板や適当なブロックを挟んだりすることで、板や長物、不規則な形の材料を固定できます（**写真 1-3**）。

●両面テープ

おもに薄板の切り抜き加工に使います。捨板の上に材料を両面テープで固定し、捨板を前述のクランプ金具で固定します。捨板は、ツールでテーブルを削らないように、材料の下に敷く板です。両面テープは強力な固定はできないので、重切削には対応しません。

写真 1-2　フライス盤用のマシンバイス

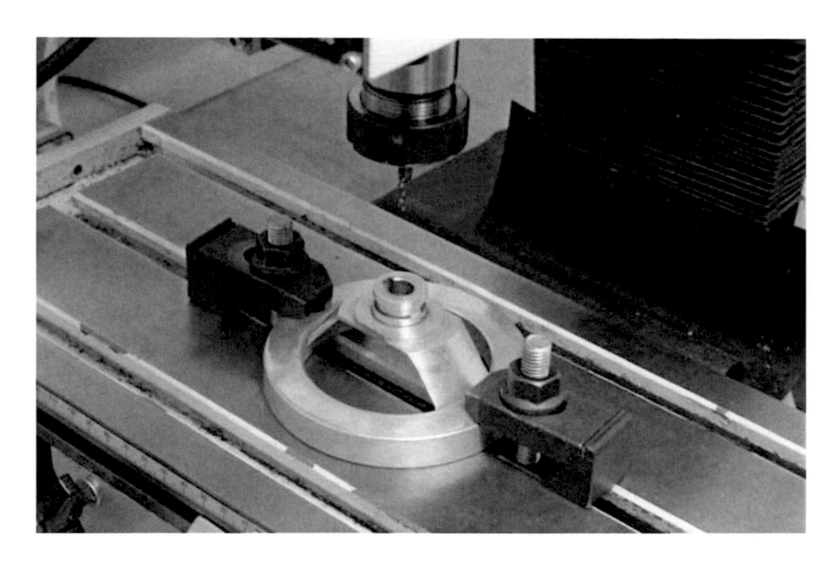

写真 1-3　クランプ金具の使用

1-4　フライス盤で使用するツール

フライス盤は、加工内容に応じてさまざまなツールを使うことができます。

CNC 加工では一般にエンドミルというツールを使います。エンドミルは円柱形の刃物で、底面と側面が刃になっています（**写真 1-4**）。

見た目は、短いドリルという感じで、軸の周囲にねじれた溝が彫られています。ただしドリルの

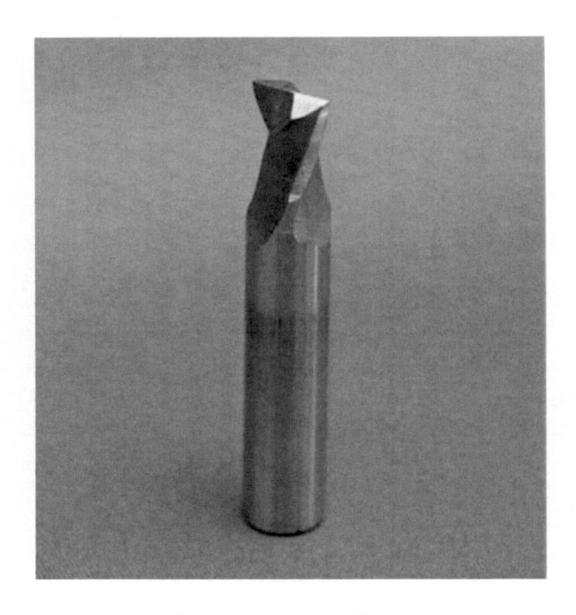

写真 1-4　エンドミル

先端が円錐形なのに対し、エンドミルは平面になっています。またドリルの側面の螺旋の溝はキリコの排出用ですが、エンドミルは切削用の刃になっています。

エンドミルは、側面の刃での切削を意図した刃物で、さらに底面の刃でも切削を行えます。基本的な切削は図 1-7 のようになります。

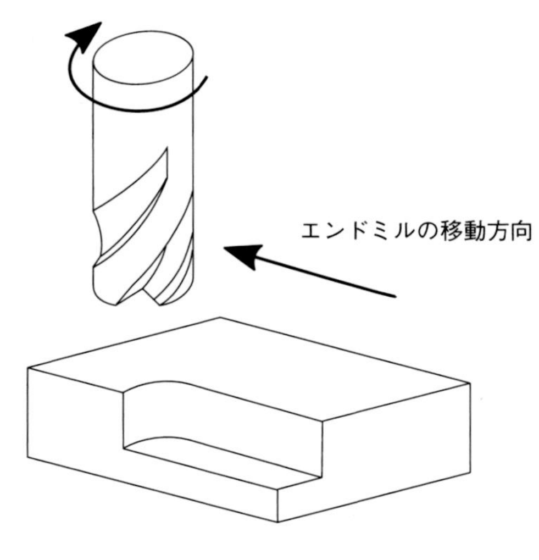

図 1-7　エンドミルによる切削

ドリルのような垂直な穴あけは、センターカットタイプという中心まで切削できるエンドミルを使えば可能です。切削開始位置に刃物を沈めるためには、このような穴あけ加工が必要になります。

先端が平面でなく、球状になっているボールエンドミルというツールもあります。これは断面が円弧になる溝の切削用ですが、CNC による 3D 加工で、斜めの面を滑らかに仕上げるためにも使われます。先端が球面なので、材料に当てる位置によって、傾いた面として仕上げられます（図 1-8）。

図 1-8　ボールエンドミルによる斜面の加工

その他の代表的なツールを簡単に紹介しておきます。実際の形状や用途については、フライス盤の解説書やネットなどで調べてください。

●正面フライス

複数のチップ（交換可能な刃先）を使い、数十ミリメートル以上の幅の平面切削を行います。

●サイドカッター

丸鋸の厚みを増したような形状で、側面切削に使用します。また横フライス盤は、この形のツールを組み合わせて使用します。

●メタルソー

小型の金属用丸鋸です。材料の切断、狭い溝の切削に使用します。

●ボーリングヘッド

大径の穴あけに使用します。最初にドリルなどで小さな穴をあけておき、その内面を削って広げるという形で使います。

●各種断面のカッター

テーブルの T 溝、スライド部分のアリ溝、歯車の歯など、特殊な形状を切削するための専用カッターがあります。

●ドリル

普通のドリルを使えば、ボール盤と同じように穴あけができます。ドリルを使うために、主軸にコレットの代わりにドリルチャックを装着できます。

●センタードリル
ドリルの穴あけの時に、センター位置を定めるための専用ドリルです。

1-5　付加的な機能

材料を自由に動かすテーブルと刃物を上下動させる主軸ヘッドがフライス盤の主要要素ですが、ほかにもいくつかの付加的な機能があります。

1-5-1　自動送り

工場で使うような業務用の汎用機や、アマチュア用でも高級な機種には、テーブルの自動送り機能が備えられています。自動送りというのは、適当な速度を選択して起動すると、モーターによりテーブルが一定の速度で移動するという機構です。長い距離の切削においてハンドルを回す手間がなくなり、またテーブル速度を一定にすることで、切削面がきれいになります。

自動送り機構は、送りネジの端の部分に設置されたギヤボックスとモーターで実現されます。CNCフライス盤の場合は各軸に移動用モーターを装着するため、自動送り機能について考える必要はありません。

1-5-2　クーラント

金属材料を切削する際は、クーラントや切削油という液体を使うのが一般的です。これは加工の際のツールと材料の間の摩擦を減らし、過熱を防ぎます。また大量のクーラントを加工部に注ぎ、潤滑と冷却に加え、発生したキリコを洗い流すという役割もあります。このような使い方をする工作機械はテーブルの回りが流し台にようになっていて、キリコとクーラントはすべて回収され、キリコを除去した後、クーラントは循環利用されます。

この循環のために使われるのがクーラントポンプです。クーラントポンプは、必要に応じてオン/オフできます。また液体の状態で注ぐ、スプレーで噴霧するなどのやり方を選べる機器もあります。

ミニフライス盤の場合、大量のクーラントを回収するような構造にはなっていないので、少量のクーラントや切削油を使い捨てで使います。

1-5-3　位置表示

フライス盤のテーブルには目盛がついていて、テーブルが何ミリメートル動いたかを目で見ることができます。さらに送りネジのハンドルにも目盛が付いているので、テーブルの位置や移動量を

1/100 ミリメートル単位で知ることができます。

しかし実際には、「最初の位置から何ミリメートル右へ」といった作業は結構わずらわしく、間違えやすいものです。このような場合に便利なのがDRO（Digital Read Out）による位置表示です。これは位置を高精度に検出できるセンサーユニットをテーブルに装着し、テーブルの位置や移動量を1/100mm 単位でデジタル表示するものです。

販売元がオプション設定していることもありますし、部品を買ってきて自分で取り付けることもできます。CNC 化した場合でも、この位置情報を PC 側に取り込むことで、テーブル移動の確認に使用できます。

1-5-4　4 軸以上の制御

通常のフライス盤は X、Y、Z の 3 軸を操作できますが、さらに別の動きを加えることで、それまではツールが届かなかった位置の加工を行ったり、あるいは加工手順を簡略化できます。

X、Y、Z に加えて制御される軸を A 軸、B 軸、C 軸あるいは U 軸、V 軸、W 軸といいます。どのような動きのために軸を追加するかは、その工作機械の用途次第ですが、代表的なものは、主軸あるいは材料を傾けるという動きと、材料を回転させるという動きです。X、Y、Z にこの 2 つの動きが組み合わされると、かなり複雑な 3 次元形状の加工が可能になります。

1-6　フライス盤の自動化

本書の主題は、フライス盤をコンピュータ制御し、一連の加工を自動化することです。ここまで使ってきたCNC という用語は、Computer Numerical Control、コンピュータ化された数値制御という意味で、コンピュータを使い、工作機械を自動制御するという意味です。

1-6-1　数値制御とコンピュータ制御

工作機械の自動化の歴史は古く、最初はカムや倣い型を使って動きのパターンを繰り返し再現するといった自動化が行われました。その後、20 世紀中ごろには、テーブルやツールの移動などを、数値で表された座標で指定できるようにしました。このような制御を数値制御（Numerical Control、NC）といいます。この頃はまだコンピュータが普及していなかったので、一連の動きを表す数値やコマンドを紙テープやパンチカードに記録し、それを逐次読み出しながら動作するというものでした。

その後、コンピュータの小型化、低価格化が進んだことで、制御の中枢にコンピュータを配置するようになりました。これがCNC（Computer Numerical Control）です（図 1-9）。コンピュータを導入したことで、それまでの紙テープなどからデータファイルに移行し、より複雑な作業も可能になりました。また、人間が手作業で作成していた動作手順を、コンピュータで自動的に生成できるようになりました。

コンピュータを活用して設計を行うことをCAD（Computer Aided Design)、コンピュータを活用して製造を行うこととCAM（Computer Aided Manufacturing）といいます。

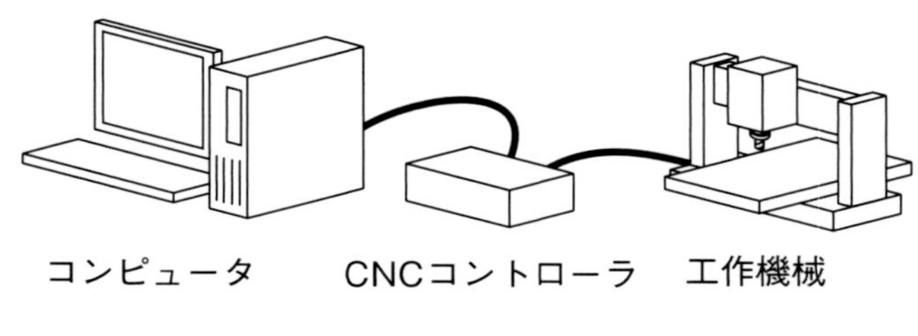

図1-9　CNC工作機械

1-6-2　CNC化の改造

アマチュアの世界の話もしましょう。

もともと、旋盤やフライス盤などの一般的な工作機械は、小型のものでも数百キログラムはあり、個人で所有できるものではありませんでした。その後、ハイレベルなアマチュアやちょっとした作業向けに、家庭や研究室に持ち込めるサイズのものが作られました。ここ20年ほどは、中国や台湾などで製造された製品が安価に流通するようになり、手軽に入手できます。

一部のユーザーは、この種のミニ工作機械にステッピングモーターを取り付け、PCで制御できるように改造しました。最初のころはソフトウェアもなかったので、自分でいろいろ作らなければなりませんでしたが、その後、フリーソフトや製品として、各種ソフトウェアが入手できるようになりました。

現在では、最初からCNC化された比較的安価なミニ工作機械も販売されていますし、個人で改造するための情報も、ネットで多数見つけることができます。

アマチュアによるCNC加工は、さまざまな趣味の分野に広がっています。いくつか例を示しましょう。

●ロボット製作

各種のロボットを作る場合、材料の切り出しや軸などの部品加工にとても手間がかかります。CNC工作機械を使えれば、これらの作業を効率化できます。

●模型製作

ミニ工作機械を一番昔から使ってきたのは、精密な鉄道模型やラジコンなど、模型製作をしていた人たちです。これらの人たちにとっても、CNCはとても便利な技術です。

●バイク改造

意外と多いのが、バイク（あるいは車なども）の部品を自作したり改造したりする人たちです。ハンドルやステップなどの部品を加工するのに、ミニ工作機械を CNC 化したものが、よく利用されています。

●工作機械改造

意外に思われるかもしれませんが、工作機械そのものを改造したり作ったりすることが目的になってしまった人も数多くいます。最初は別の目的で導入したのが、いつのまにか工作機械の面白さに取り付かれ、工作機械を改造すること自体が目的となってしまった人たちです。

もちろん、CNC 工作機械の用途が限定されるわけではありません。何かを作るという目的があれば、CNC は便利に使えます。

◎ Column ◎ 所有するか借りるか

最近は、FAB（fabrication、物を作るといった意味）と呼ばれる施設がいくつもできています。FAB は工作機械や測定機などを有償で利用できるスペースで、個人や小さな会社などが利用できる工場のような施設です。FAB を利用することで、自分で工作機械や測定機を所有していなくても、さまざまな作業を行うことができます。自分で出向かなくても、オンラインでデータを送って加工してもらうといったサービスもあります。

個人で多くの工作機械や測定機を揃えるのは難しいので、このような施設はとても便利です。実際、物作りをコストや時間で考えるなら、あるいは工作という過程が手段にすぎないのであれば、自分で工作機械を所有するより FAB を利用すべきでしょう。

ではなぜ自分で工作機械を持ち、改造するのでしょうか？　筆者の場合、それが面白いことだったからです。面白いことをコストや時間を考えずに自分でやるというのは、アマチュアに許された特権です。

1-6-3　加工できる材料

ミニ CNC 工作機械では、どのような材料を加工できるのでしょうか？　これはベースになる工作機械、使用するツールと加工に費やす時間次第です。

木材は柔らかいので、簡単に加工できます。各種プラスチック材も柔らかいので切削は容易ですが、材質によっては熱で溶けてキリコがくっついたりするので、加工の速度や手順などを考える必要があります。

金属加工は、工作機械の剛性や加工内容次第です。薄いアルミ板材の切り抜きや、樹脂や木材の 3D 加工を意図した門型の機器で、厚い鉄板や金属の塊から部品を削り出すのは現実的ではありません。このような機器は、高速回転する小径のエンドミルで、0.1mm くらいずつ削るという動作をします。鉄はアルミより堅いので負荷も大きく、機械の能力の範囲で塊から立体的な部品を削り出すとなると、とんでもなく時間がかかってしまいます。ある程度の大きさの立体的な金属部品を加工するのであれば、ベッド型のミニフライス盤でないと難しいでしょう。

一方ベッド型は、テーブルの大きさの制約から、大きな板材から部品を切り抜くといった作業は不得手です。しかし主軸のパワーはあるので、テーブルに載るサイズであれば、鉄板からの部品の切り出しなどは難なくこなします。ただし主軸が高速回転に対応していないので、小径エンドミルを使った精密な3Dの曲面加工などは、送り速度を上げられないので、逆に時間がかかってしまいます。

材料の材質によって、使用するツールも変わってきます。一般的な鉄鋼用ツールでアルミや樹脂などを削ることができますが、専用のものを使ったほうが仕上がりがきれいになるといった差があります。鉄鋼などの加工には、高速度鋼（HSS、ハイス）か超硬合金のツールを使用します。ステンレスなどの難削材の場合は超硬合金が向いています。

1-6-4 CNCの基本機能

フライス盤をCNC化する場合、次のような機能を付加することになります。

●テーブルのX-Y移動

テーブルはX、Y方向のハンドルで移動させることができますが、手回しハンドルの代わりにモーターを置き、テーブルを自動的に動かせるようにします。これにより手作業では不可能だった正確な斜め方向の移動、円弧の移動なども可能になります。

●ツールの上下

テーブルの移動と同じように、主軸ヘッドをモーターで上下させ、材料に対するツール位置を制御します。ベッド型のフライス盤は、主軸ヘッド全体の上下とクイル部の上下を別々に行えますが、CNC化する際はクイル部には手を加えず、ヘッド部の上下を制御するのが一般的です。クイルの上下よりもヘッドの上下のほうが移動範囲が広いからです。

●主軸の回転制御

主軸の回転のオン/オフ、回転速度の制御などを行います。この制御はオペレーターが手作業で行ってもよく、必須というわけではありません。

●クーラント、ブローの制御

クーラントのオン/オフ、キリコを飛ばすエアブローなども制御できると便利です。

1-6-5 ツールチェンジャ

フライス盤にはさまざまなツールを装着することができ、加工内容によって取り換えます。実際に使ってみるとわかりますが、この取り換え作業は結構な手間です。引きネジをゆるめてコレットホルダーを外したり、あるいはコレットのツールを交換するといった作業が必要です。

業務用の機器の多くは、ツールの脱着はワンタッチ化されています。コレットを引きネジでとめるのではなく、機械的に固定できる機構を使い、レバー操作で簡単にロック/アンロックできます。さらに、あらかじめツールを装着した複数のコレットを用意し、それをマガジンに並べておき、加工中に自動的に交換できる機構もあります。これをツール交換機構（ATC、Automatic Tool Change）といいます。ATCを備えていれば、複数のツールを使用する複雑な工程を、オペレーターが介入することなく、自動的に連続実行できるようになります。

1-6-6 マシニングセンター

現在の工場では、マシニングセンターという工作機械が広く使われています。これはコンピュータ制御で回転ツールが自由に動き、材料を加工します。つまり、基本的な動作はCNCフライス盤と同じです。

マシニングセンターは、3軸だけでなく、4軸、5軸という構成の機器が広く使われていますが、単純なCNCフライス盤との最大の違いは、ATCを備えているという点です。というか、この機能を備えた加工機をマシニングセンターと呼ぶのです。

アマチュアでも、ATC機構を自作してミニマシニングセンターを組み上げている人がいます。

◎ Column ◎　CNCフライス盤と3Dプリンタ

コンピュータを使った物作りというと、最近は3Dプリンタが話題になっています。3Dプリンタにはいろいろな仕組みがありますが、アマチュアが一般的に使っているのは、熱で軟化させた糸状のプラスチックを目的の形になるように積み重ねていくというものです。

CNCフライス盤はまったく逆で、目的の部品より大きな素材から不要な部分を削り取り、目的の形を残していくという形で仕上げます。まったく同じ形の部品を作ったとしても、その作り方は対極的なのです。

どちらにも得手不得手があり、一方があれば他方は不要ということはありません（少なくとも現在はそうです）。例えば一般的な3Dプリンタでは、鉄やアルミのような強度を持つ部品は作れません。このような製品がないわけではありませんが、アマチュアに手の届く価格ではありません。一方、CNCフライス盤は複雑な3D形状が苦手です。ツールが届かないような形状は加工できません。特に中空部品などは逆立ちしても作れません。

物作りを行う際は、形状、強度、コストなどを考え、適切な材料や加工方法を選ぶことが大事です。

第 2 章 テーブルの駆動

フライス盤を CNC 化するためには、テーブルや主軸ヘッドの X 軸、Y 軸、Z 軸をモーターで動かせるようにする必要があります。そのために、手で回すハンドルの代わりにモーターを取り付けて、移動メカニズムを駆動します。

アマチュア向けのミニ工作機械の場合、最初から CNC 化された製品も販売されています。特に門型の製品はほとんどが CNC 加工機です。一方、汎用のもの（ベッド型）は多くが手動操作用です。CNC 化されたものも多少ありますが、たいていは手動の製品を販売会社などで CNC 改造したもので、価格も倍以上になっています。そのため多くのユーザーが、手動のフライス盤を改造して自分で CNC 化しています。また特定のミニフライス盤製品を CNC 化するキット製品も販売されています。

本章と次章では、汎用の手動フライス盤をモーター駆動に改造することについて説明します。

●改造についての注意●

フライス盤の構造や大きさは製品ごとに異なるため、モーターを取り付ける改造は製品それぞれで変わってきます。また方法も一通りではなく、さまざまなやり方があります。本書で紹介している方法はあくまでも一般論や、筆者が行った改造の紹介です。実際に自分で作業する場合は、各自の環境や機械に合わせて設計／加工を行ってください。一般に、機器を改造すると、メーカーや販売会社による保証の対象外になります。機器の改造やそれに伴ういかなる結果についても、筆者、出版社は一切の責任を負えません。また個別の質問にはお答えできませんので、ご了承ください。

2-1　テーブルと主軸の移動

フライス盤は、ハンドルを回してテーブルを動かし、主軸ヘッドを上下させることができます。このような動きを「送り」（フィード）といいます。これはフライス盤で精密な加工を実現する上で、欠かせない機能です。もし位置決めを正確に行えなければ、加工も不正確なものになってしまいます。

この動きを手回しハンドルではなく、モーターで行えるようにすれば、コンピュータでモーターを制御し、複雑な動きを実現できます。これがCNC加工の基本です。

本章ではテーブルや主軸ヘッドを動かす仕組みについて解説します。

2-1-1　送りメカニズム

ハンドルを回してテーブルやヘッドを正確に動かすという動きは、ネジによって実現されています。

ネジが回転すると、そのネジに噛み合っている雌ネジ（ナット部）がネジ上を移動します。ネジによる送り量は、ネジの溝が1条であれば、ネジ1回転でネジ山1ピッチ分の距離となります（Column「ネジのリードとピッチ」を参照）。この構造により、1mm以下の微小な送り量でも、正確に操作できます（図2-1）。

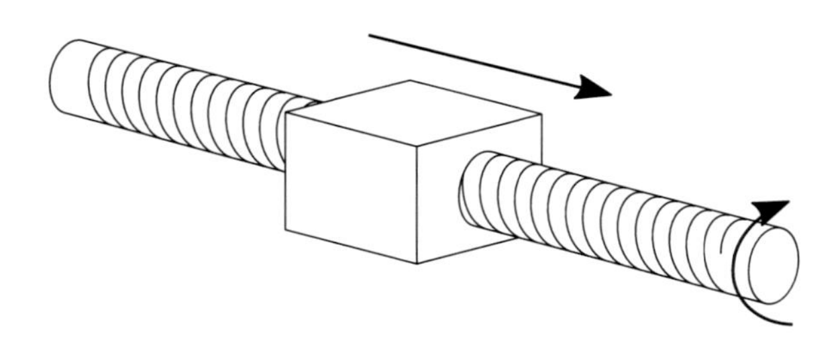

図2-1　ネジによる送り

例えば、ネジのリードが2mmの場合、1回転でテーブルは2mm移動します。1回転は360度なので、ネジを3.6度回せば、送り量は0.02mmとなります。ネジを回すハンドルに角度目盛を付けておけば、目盛を読んで細かな送り操作を行うことができます。

ハンドルに1周を80分割した目盛があれば、1目盛でネジが4.5度回転し、0.025mm進むことになります。ハンドルに刻まれた目盛部分（目盛カラー）は、ハンドルに対して自由に回すことができます。ハンドルを回さないまま目盛カラーを回して0位置を合わせることで、以後の移動量を読みやすくできます（写真2-1）。

写真 2-1　ハンドルと目盛カラー

◎ Column ◎　ネジのリードとピッチ

ネジについて説明する時に、リードとピッチという用語が使われます。ピッチ 1mm のネジ、リード 2mm のネジなどです。

ピッチは、ネジの隣り合った山の間隔です。リードは、ネジを１回転させた時に進む距離です。普通のネジは、リードとピッチは同じ値になります。ネジ山間隔が 1mm（ピッチ）のネジを１回転させれば、ナットは 1mm（リード）進みます。

ピッチとリードが異なるネジもあります。普通のネジは、１条の山がネジの軸の周りに螺旋状にあります。そのため１回りで１段分距離が進むので、ピッチとリードが同じになります。山が２条あると、この関係が変わります。ネジ山間隔は１条の時と同じですが、隣接する山はもう一方のネジ山で、つながっているネジ山はその次のネジ山となります。つまり、ネジが１回転すると、ネジ山２つ分の距離を進むことになります。例えばピッチが 1mm で２条であれば、リードは 2mm になります。

このように複数のネジ山を持つネジを、多条ネジといいます（図 2-2）。ピッチが同じ場合、リードは条数倍された値になります。多条ネジは、回転当たりの送り量を多くしたい場合などに使われます。

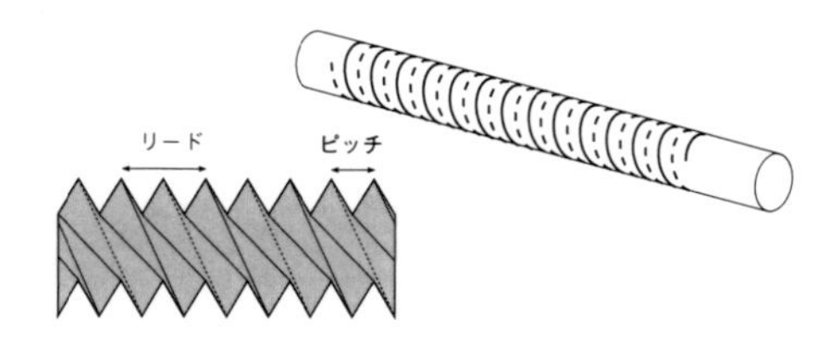

図 2-2　多条ネジ

本書では１条ネジしか扱っていないのでピッチとリードは同じですが、ネジによる送り量を示す際には「リード」という用語を使っています。

2-1-2　台形ネジ

テーブルの送りに使うネジは、部品の固定などに使う一般的なネジとは働きが違います。固定に使うネジは、最後に強く締め付けることで、雄ネジ（ボルト）と雌ネジ（ナットやネジ穴）の接触面で強い摩擦力が働きます。この摩擦によりネジはゆるむことなく部品を固定できます。そして摩擦に打ち勝つだけのトルクでネジを逆に回せば、ネジはゆるみます。

送りに使うネジは、ナット部を移動させることが目的なので、ネジがきつく締まってしまうと困ります。移動や向きを変える際に大きなトルクが必要になるからです。そのため、大きな力で締めても堅く締まりにくい構造のネジが使われます。

締め付け力と摩擦の関係は、ネジ山の断面の形状（斜面の角度）とネジのリードが大きく影響します。リードが小さければ、同じトルクで締め付けた時にボルトの軸方向にかかる力が大きくなるので、ゆるみにくくなります。そしてネジ山の形は、固定に使うネジの場合、大きな摩擦を維持しやすい頂点が60度の三角形が一般的です。しかし、送りに使うネジの断面は、斜面を延長し、交わった部分の角度が30度程度の台形ネジが一般的です（図2-3。角度を持たない角ネジもあります）。

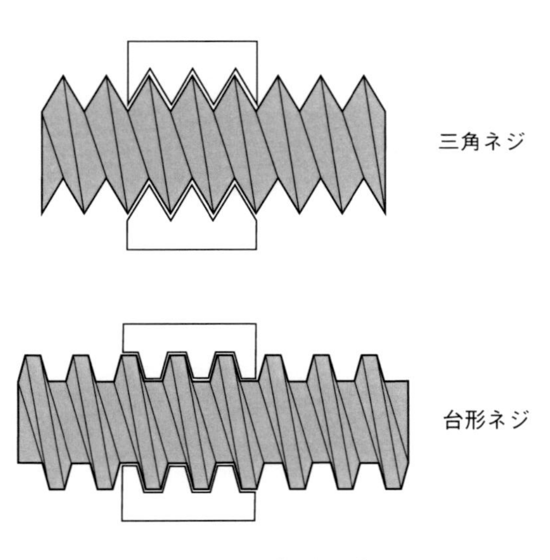

図2-3　ネジの形

また送りネジは油やグリースを使って潤滑することで、摩擦を低減して強い締め付けや摩耗を防ぎ、滑らかに回転するようにしています。

台形ネジにも摩擦はあるので強く回せば締まってしまいますが、このような工夫により、ゆるめるために必要なトルクはわずかです。

ほとんどのミニフライス盤は、テーブルや主軸ヘッドの送りに台形ネジを使っています。

◎ Column ◎　トルク

トルクとは、軸を回転させる力のことです（図 2-4）。

押す、引く、重力による力などは直線方向の力で、N（ニュートン）という単位で表されます。1N は 1kg の質量を 1m/s^2 の加速度で加速させる力なので、例えば 1kg のものにかかる重力は 9.8N となります。

軸を回転させる力は直線方向の力ではないので、別の測り方をします。回転軸の先に直角に棒を付け、その先端に直線方向の力をかけることで、軸をねじる力を表すのです。1m の棒の先端に 1N の力をかけた時のねじる力、つまりトルクが 1N・m となります（N・m がトルクの単位です）。以前は kg・m や g・cm などが広く使われていましたが、現在は N・m が公式な単位となっています。

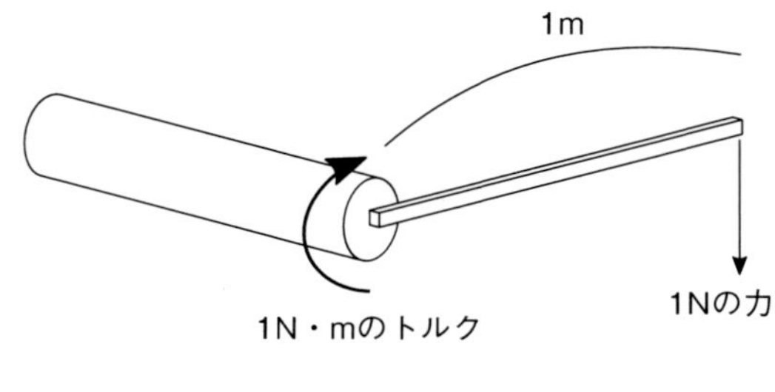

図 2-4　トルク

例えばモーターの最大出力トルクが 2N・m であれば、半径 1m になる棒の先で 2N の力（約 0.2kg の重さと同じ）を発生できることになります。トルクは半径×力で表される量なので、半径を小さくすれば力を大きくできます。半径を 0.1m にすれば力は 10 倍の 20N（約 2kg）になります。

2-1-3　バックラッシュ

送りにネジを使う場合、隙間の問題があります。ネジが雌ネジの中で回転するためには、ネジ山の接触面に隙間が必要です。しかしこの隙間により、ネジが回転していない状態で、ネジの軸方向にナット部がわずかに動くことができます（ガタ）。またネジを回しても山が実際に接触するまでナットが動かないという状況もあります。ネジの大きさや加工精度によりますが、この量は数十分の 1mm ないし数分の 1mm 程度になります。また長年使って摩耗すると、隙間が大きくなってガタが増えます。

ネジの隙間によって自由に移動できる範囲、つまりガタのことを、遊びやバックラッシュといいます。工作機械のテーブルの移動に使う場合、これは大きな問題になります。送りネジがどれほど高精度に回転制御されていても、バックラッシュが 0.1mm あれば、それ以下の精度に意味がなくなってしまいます。そのためバックラッシュを小さくする仕組みがいくつかあります。

バックラッシュを減らすためには隙間が小さくなるように加工すればいいのですが、小さくしすぎると、加工のばらつきにより、回転が堅くなったり回らないといった弊害が出ます。しかし材料を変えることで、この堅くなる度合いを軽減できます。

ミニ工作機械では、一般にネジは鋼鉄、ナットは鋳鉄か真鍮類ですが、ナットを低摩擦のエンジニアリングプラスチックにするという方法があります。これは摩擦の小さい材料なので、隙間が狭くても軽い力で回り、また金属よりは柔らかいため、ばらつきによる隙間の変動の許容範囲が広くなります。

ただし、金属よりは強度が落ちるため、重加工には向きません。また磨滅が進めばガタが増えることは変わりません。

回転方向に関わらず、常にネジが一方向に押しつけられていれば、バックラッシュの問題を無視できます。常に一定の向きに力を与え続けことを、プレロードといいます。

プレロードはバネなどで与えることができますが、別のやり方として、ネジにナットを 2 個はめ、2 個のナットの距離を微調整するという方法があります（図 2-5）。より簡略な方法として、ナットに切り込みを入れ、ネジを締めてナットをたわませてバックラッシュを減らすというやり方もあります。これは比較的簡単に実現できるので、多くのミニ工作機械で使われています。

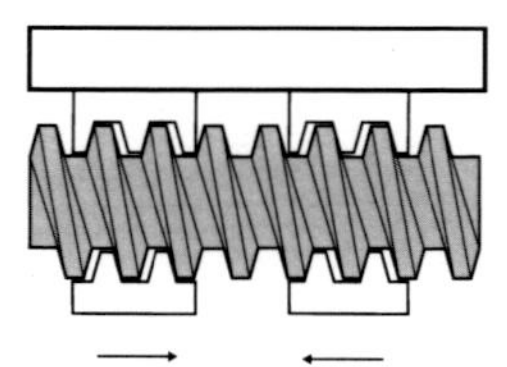

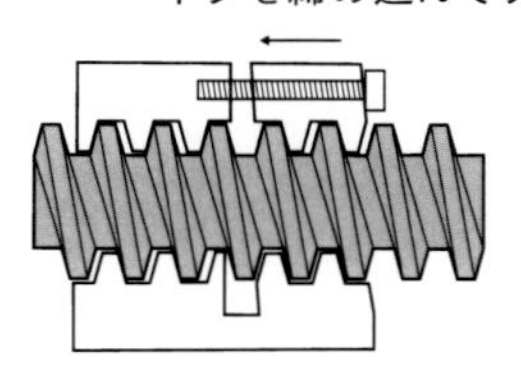

図 2-5　ダブルナット

主軸ヘッドの上下動は、（バランサーなどを使っていない限り）ヘッドの重さによって常に下向きの力が加わっているため、プレロードがかかった状態となります。ヘッドが十分に重ければ、切削時に上向きの力がかかっても、ネジのバックラッシュの問題が起こりにくいのです。ただし、切削の進みがネジの送り速度よりも遅い場合は、ツールの移動が遅れることがあります。

プレロードをかけるという方法は、ネジだけではなく、ギヤやベアリングのバックラッシュ低減にも使われます。

2-1-4 バックラッシュ補正

バックラッシュ補正は、機構部分でバックラッシュを減らすのでなく、制御のやり方で影響を減らすという方法です。まずバックラッシュにより移動量に誤差が出る仕組みを見てみましょう（図 2-6）。

1. ネジが回転し、ネジに押されてナットが左に移動する。この段階では、ネジが右に移動する方向にバックラッシュがある。

2. ネジが反対方向に回転する。ネジ山が右方向に進むが、バックラッシュの隙間の分は、ナットは移動しない。

3. ネジがさらに回転し、ナットに接触すると、ナットが右に移動する。

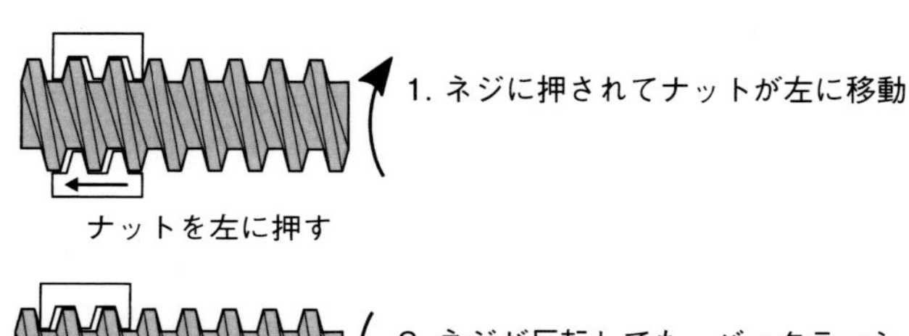

2. ネジが反転しても、バックラッシュの分は移動しない

ナットは動かない

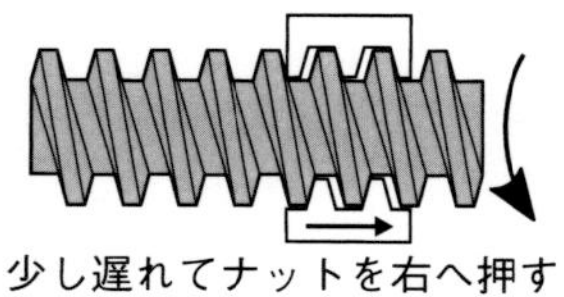

図 2-6 ネジの逆転とバックラッシュ

ある方向にテーブルを移動し、その後、逆向きに移動するたびに、このような現象が起こります。その結果、向きを変えた後の移動は、バックラッシュの分だけ移動距離が短いということになります。

この問題を解決するために、バックラッシュによりテーブルが動かない分だけ、ネジを余計に回すという方法があります。回転方向が変わるたびに、バックラッシュの分だけネジを多く回すのです。例えばリード 2mm のネジで 0.2mm のバックラッシュがある場合、ネジが逆転した時に最初の 0.2mm 分はナットが動きません。そこで、この 0.2mm 分、つまり 1/10 回転をバックラッシュ補正分として余計に回すのです。本書で解説している Mach では、この機能を設定できます。

ただしこの機能は、移動量が不足するという問題を解決することはできますが、バックラッシュの範囲でテーブルや主軸の移動にガタが発生するという問題は解決しません。

2-1-5 ボールネジ

台形ネジには摩擦があります。そのためネジを回して推力を発生させる際に、その推力を生み出すトルクに加え、摩擦に打ち勝つためのトルクも必要になります。

また、雌ネジの中で雄ネジが自由に回れるように、雌ネジと雄ネジの山と谷の間には隙間があり、送り量の誤差となります。

理想的な送りネジは、回転による摩擦が少なく、そして雄ネジと雌ネジの隙間が小さいものです。これを実現するのがボールネジという部品です（図 2-7）。

ボールネジはボールベアリングに似た考え方の機械要素です。ボールベアリングは、軸と軸受の間にボールを並べることで、軸の回転摩擦を小さくします。また、隙間を小さくしてもボールがあることで、摩擦が大きくなりません。ボールネジは、ネジの噛み合い部分がボールベアリングのような構造になった物です。

雄ネジには、ボールが転がる螺旋状の溝が掘られています。雌ネジ（ナット内）にも同じような溝があり、この間にボールが並んでいます。雄ネジと雌ネジの間にボールがあるので、ネジの回転でボールが溝の中で転がり、ナットに力を伝えます。ネジの山のような面の接触ではなく、間でボールが転がるので、摩擦はごくわずかです。

これだけだと、ナットの端まで来たらボールが飛び出してしまいます。ナットの端の手前にボールがナット内に吸い込まれる通路があり、その中は入ったボールはパイプの中を通ってナットの反対側の端に送られます。これで、端まで来たボールはまたネジの溝に戻ります。

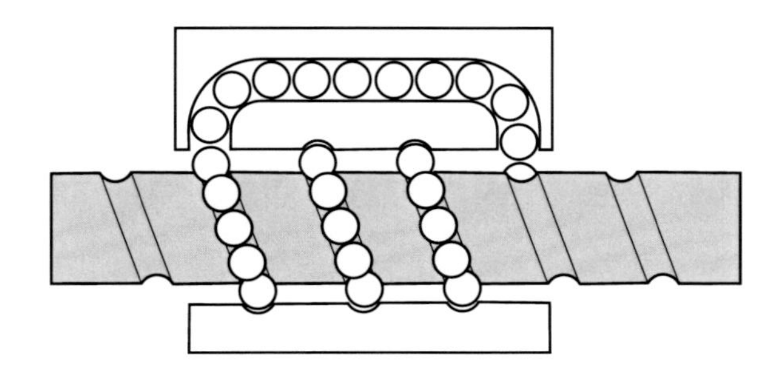

図 2-7 ボールネジ

ボールネジは、精密な加工によって台形ネジよりもバックラッシュを小さくできます。しかしまったくなくなるわけではありません。そのため、バックラッシュをさらに小さくしたい用途では、プレロードを与えています。これは、ナット側のボール溝の間隔を一部変える形で行われます。

◎ Column ◎　ボールネジの問題

ボールネジの回転抵抗はとても小さく、ネジを立てると、ナットが自重で回転しながら落ちてしまうほどです。実はこれは別の問題を引き起こします。主軸ヘッドは自重で下がってしまい、材料にツールを当てるとテーブルが動いてしまうのです。普通の台形ネジなら、押された力でネジが回ることはないので、このような問題は起こりません。

テーブルの移動などにボールネジを使う場合は、外力でボールネジが回らないようにしなければなりません。モーターで動いている軸は、外力に関わらずモーターで回転が適切に制御されるので問題はありませんが、止まっている軸はどうすればいいのでしょうか？　動かないようにするためには、どうにかしてブレーキをかけなければなりません。CNC 加工機の場合は、モーターによってボールネジの回転をロックする必要があります。

ボールネジを駆動するモーターは、十分な駆動トルクでネジを回転させるだけでなく、ネジを回らないように押さえるという役割も持つのです。

2-2　モーターの取り付け

テーブル類はネジの回転で移動します。コンピュータで移動を制御するためには、このネジをコンピュータ制御のモーターで回転させなければなりません。このような用途には、サーボモーターかステッピングモーターが使われます。サーボモーターとステッピングモーターの仕組みについては、次章で解説します。ここでは工作機械へのモーターの取り付けについて説明します。

手動操作用のフライス盤には、テーブルの移動やヘッドの上下のために、手で回すハンドルが備えられています。ハンドルを回すとネジが回転し、テーブルやヘッドが動くという構造です。ハンドルの代わりにコンピュータ制御のモーターで回せば、テーブルやヘッドの動きをコンピュータ制御でき、CNC 加工を行えます。

ネジをモーターで駆動する方法として、ネジとモーターを直接つなぐ直結と、ベルトやギヤで伝動する方法があります。

2-2-1　直結

テーブルやベース部の端にあるハンドルを外し、ネジの軸端にモーターの軸を結合すれば、送りネジをモーターで回すことができます。多くの製品や CNC 改造は、このやり方で駆動しています。

まず、モーターを固定するための部品を用意し、これをベースやテーブルの端に取り付けます。これをどのような構造にするか、どのように取り付けるかは、CNC 改造で一番頭を使うところです。実際の方法はフライス盤側の構造やモーターの大きさ次第なので、最終的には改造を行う人が考え、決めなければなりません。

基本的には、ベースやテーブルにネジ穴をあけ、スペーサー（隙間をあけるためのパイプ状の部品）を介してモーター取り付けプレートをネジで取り付けるという形になるでしょう（図2-8）。このプレートにモーターを取り付け、モーターの位置を定めます。取り付け部分の大きさに余裕があれば、取り付けプレートを使わず、モーターを直接取り付けることもできます。

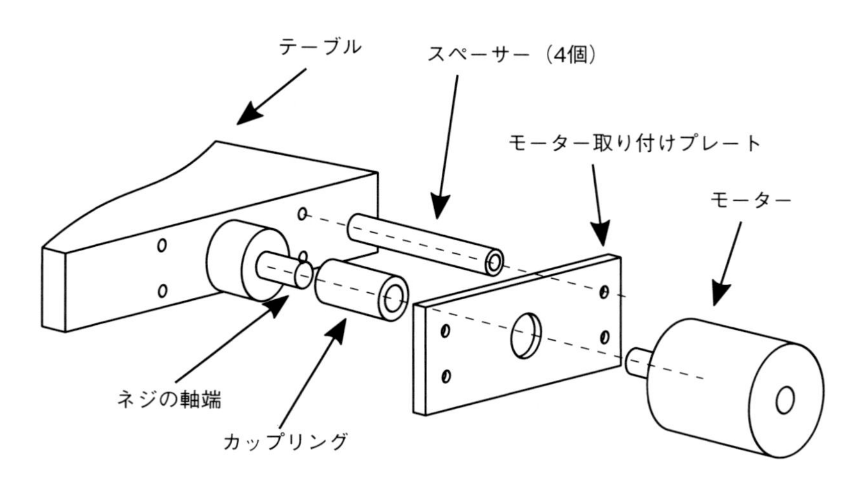

図2-8　モーターとネジを直結

モーター軸と送りネジは、カップリング（継ぎ手）という部品で接続します。

送りネジとモーターを直結する場合、双方の軸の中心をきちんと合わせ、さらに一直線に並ぶようにモーターを位置決めしなければなりません。これが狂っていると回転の抵抗が非常に大きくなり、うまく駆動できない、部品がすぐに破損/摩耗するといった問題が起こります。カップリングには、多少の芯ずれや角度を吸収することができるような構造になっているものもあり、モーターの位置決めのシビアさを緩和してくれます（図2-9）。

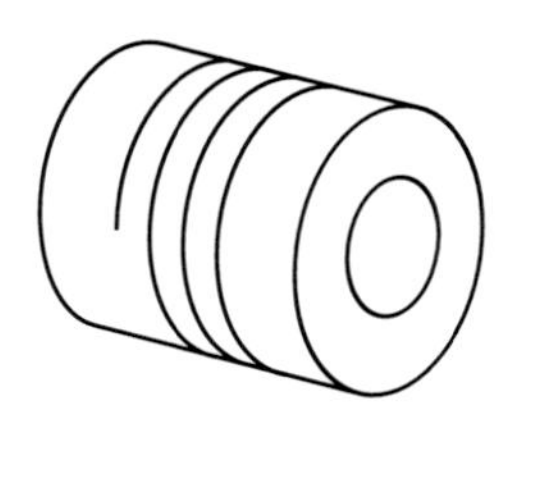

ベローズカップリング

切り込みを入れることで、
その部分がたわんで、曲がり
などを吸収する。

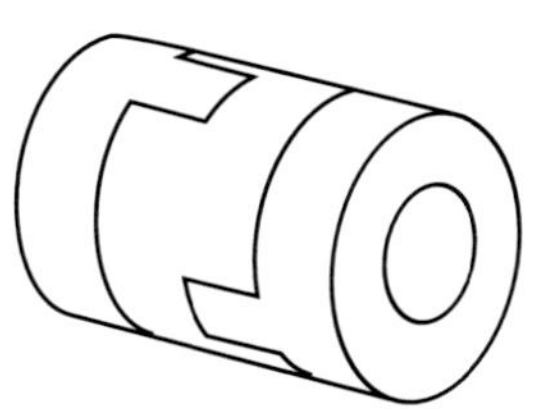

オルダムカップリング

中間の部品がスライドして
芯ずれを吸収する。

図2-9　カップリング

とはいっても、極端なずれを吸収できるわけではありません。どれぐらいのずれや角度を許容できるかは、カップリングの構造や製品仕様、回転速度などにより異なります。

カップリングには、バックラッシュのあるものとないものがあります。一般にバックラッシュのないものは、許容できるずれなどが小さくなります。

2-2-2 ベルトやギヤの使用

機械の構造やスペースの問題で、モーターをネジに直結するのが難しい場合があります。あるいは工作機械の大きさに対してモーターが非力な場合、減速して駆動トルクを大きくしなければならなりません。

このような時は、ベルトとプーリーやギヤを使って回転を伝達することになります。これらを使うことで、モーター配置の自由度が高まり、トルク増大のための減速を行うことができます。ただし間に余計な機構部品が介在することで、バックラッシュが大きくなる可能性があります。

■ベルト

2つのプーリーの間にベルトをかけることで、離れた2本の平行軸の間で動力を伝達できます。

ベルトとプーリーにはいくつか種類かありますが、CNCなど、動作量の制御が重要になる用途では、タイミングベルトやコグドベルトと呼ばれる歯付きのベルトとプーリーが使われます（**写真2-2**）。プーリーの歯とベルトの歯が噛み合うので、スリップは発生しません。また歯があることで、ベルトを強く張らなくても力を伝えられます。ただし張りが弱すぎると、たるみによってガタが発生したり、大きな負荷がかかった時に歯飛びが発生することがあります。

ベルトで伝動する際には、減速、増速することもできます。モーター側を小径プーリーにし、ネジ側を大径プーリーにすれば減速、逆なら増速です。使用する歯数（直径）の比率で、減速比、増速比が決まります。減速すれば速度が低下し、駆動トルクが増加します（**図2-10**）。例えば1対1の伝動（モーター側とネジ側が同じ歯数）だと力が足りず、駆動できない場合でも、1対2にすれば（ネジ側の歯数をモーター側の2倍にする）駆動トルクが倍になるので、駆動できるようになるかもしれません。ただし速度は半分になります。

■ギヤ

ギヤによる伝動は平行軸の間の伝動だけでなく、軸の向きや減速比も変えることができます。ベルト伝動は2本の平行軸の間でしか回転を伝えられませんが、ギヤを使えば軸の配置の自由度が高まります。平ギヤは平行軸の間で伝動します。ベベルギヤ（傘歯車）を使えば、直交した軸の間で回転を伝えることができます。またウォームギヤを使えば、交わらない直交軸の間で大きな減速比を得ることができます。

写真 2-2　コグドベルトとプーリー

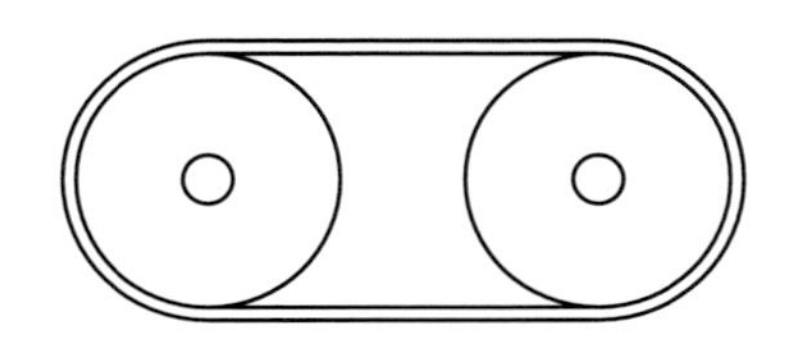

直径の同じプーリー

回転数、トルクは変わらない。

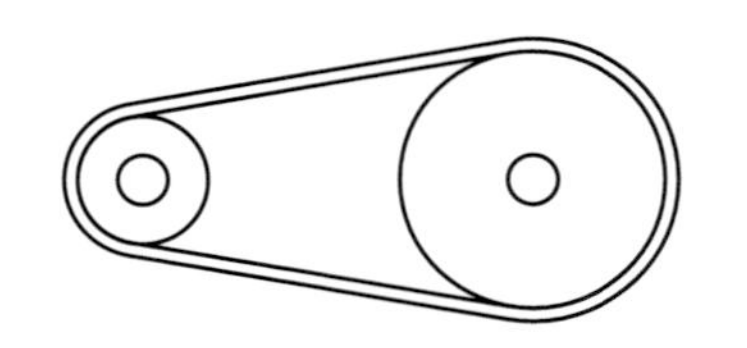

直径の異なるプーリー

直径の比率が1:2なら、大きい側は回転速度が半分、トルクが2倍になる。

図 2-10　ベルトによる伝動

フライス盤の場合、ヘッドを上下させるネジはコラムの中にあります。小型の製品ではコラムの最上部でこのネジに直接ハンドルを取り付けているものもありますが、ある程度大きくなるとハンドルが遠くなるため、歯車を使って扱いやすい場所にハンドルを設置しています。コラムの横やベース部にハンドルを配置する場合、ハンドル軸と送りネジをベベルギヤで伝動することになります（図 2-11）。

歯車の欠点は、遊びがあることです。歯車の噛み合い部分には、多少の隙間が必要です。これがないとうまく回らなかったり、異常な摩耗が発生したりします。しかし遊びがあるということは、ネジの隙間と同じで、テーブルやヘッドの動きに誤差が発生するということです。

ギヤの位置を調整することで、かなり遊びを小さくすることはできますが、ゼロにすることはできません。プレロードをかけて遊びをなくすための機構もありますが、歯車の構造が複雑になります。

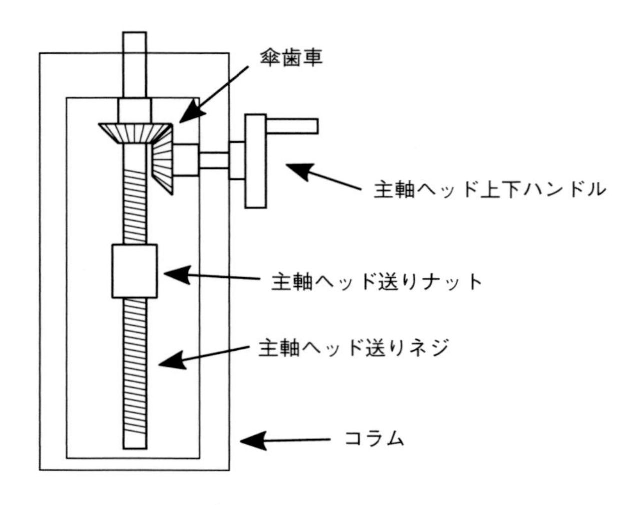

図 2-11　主軸ヘッドの送りハンドル

2-2-3　手動操作の併用

手動操作のフライス盤を CNC 改造する場合、改造前と同じように手動操作もしたい場合があります。そのためには、ハンドルを回してテーブルを動かすという機能を残す必要があります。

ハンドル操作とモーター駆動を併用するには、いくつかのことを考えなければなりません。

■ハンドルの併用

まず、ハンドル操作とモーター駆動が両立するような構造を考える必要があります。もっとも簡単な方法は、両軸モーターを使うというものです。両軸モーターというのは、モーター本体の前面と後面の両側に軸が出ているものです。送りネジを回転させる部分に両軸モーターを設置し、一方の軸を送りネジに接続し、もう一方の軸にハンドルを取り付けます。これでハンドルを回せばモーターが手動で回転し、さらに送りネジが回ることになります（図 2-12）。

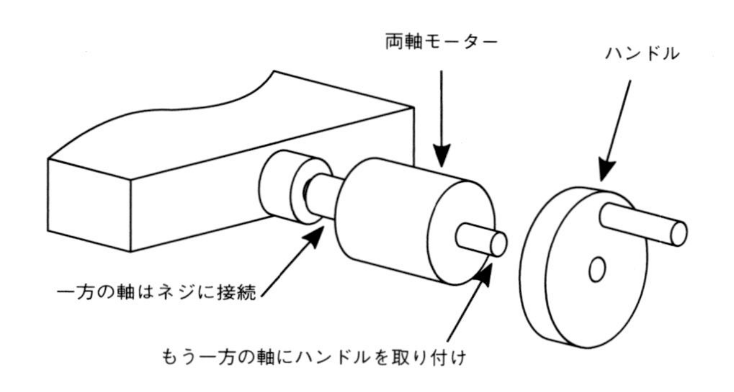

図 2-12　両軸モーターの利用

■モーターの動力解除

テーブルを動かすサーボモーターやステッピングモーターは、止まっている状態にも意味があります。これらのモーターは、軸の負荷に関わらず、指定した速度や回転量で動作します。止まっている時も例外ではなく、止まっているという状態を維持します。具体的には、止まっている軸を回そうとしても、その力に抗うようにトルクが発生し、軸を止め続けようとするのです。

つまり止まっている軸は、軽くは回せないということです。もちろん、モーターの能力以上の力をかければ回りますが、切削加工の抵抗に打ち勝てるだけのモーターを装備しているわけですから、かなりの力が必要です。またサーボモーターは、外力により制御を維持できないと、エラー状態になることがあります。

ハンドルで操作できるようにするためには、モーターがフリーで回転するようにしなければなりません。これには以下の方法があります。

●コントローラ全体の電源を切る

通常のステッピングモーターやサーボモーターは、モーターのコントローラ（ドライバ）の電源を切ると（多少の抵抗はあるものの）フリーで回転します。

これは付加的な回路などを必要としない、もっとも簡単な方法です。

●モーターをスタンバイ状態にする

サーボモーターやステッピングモーターのドライバやコントローラには、モーターへの電力供給を安全にオフにする機能を持つものもあります。この機能を使えば、CNC 回路全体の電源を切ることなく、特定のモーターだけをオフにできます。

単純にモーターの駆動電流の回路にスイッチを入れればいいというものではないということに注意してください。通電中のモーターの電源回路を切断すると異常電圧が発生し、ドライバ回路が破損する場合があります（全体の電源オフは、回路を切らずに電圧が下がるので問題ありません）。

このような操作を行うためには、モーターをスリープ状態にするためのスイッチや制御回路を組み込む必要があります。

●クラッチで切断する

モーター軸と送りネジの間に回転の断接機構、つまりクラッチがあれば、それを切ることで、送りネジをフリーで回転させることができます。

わかりやすい方法ですが、クラッチ機構などを用意しなければならないため、さまざまな機械加工や部品の調達が必要となります。

■ハンドルのバランス

ハンドルには手で握るための取っ手が付いています。ハンドル自体は丸くてほぼバランスが取れているのですが、この取っ手が付いているためにハンドル全体では重量にかなりの偏りがあります。そのためモーターの力で毎秒数回転以上の速度で回すと、かなりの振動が発生します。

振動が気になるような高速回転は、おもに加工を伴わない移動の際に発生するので、仕上がり面への影響などは少ないないのですが、気持ちのいいものではありません。

振動を減らす方法としては、以下のやり方があります。

●クラッチで切断する

ハンドルがクラッチで切り離される構造なら、それを切ることでハンドルは回転しなくなります。しかし機構的には複雑になります。

●バランスウェイトを取り付ける

バランスが取れないのは、ハンドルの取っ手の重量のためです。取っ手の反対側に、その重量を相殺するような錘を取り付ければ、回転による振動を低減できます。しかしハンドルの総重量が増えるため、加速特性が悪化する可能性があります。

●取っ手を外す

取っ手を外してしまえばバランスの狂いがほとんどなくなります。手動操作をたまにしか使わないのであれば、これも 1 つの方法でしょう。

2-3　ケーブルの取り回し

Z 軸や Y 軸のモーターは、通常の構造であればモーター本体は移動しません。Z 軸モーターはコラムに、Y 軸モーターはベースに固定される形になるからです。それに対して X 軸のモーターはテーブルに固定されるため、テーブルの動きに合わせて移動することになります（門型フライスの場合も、いずれかの軸のモーターが動くことになります。）。

ここで注意しなければならないのが、モーターに電力を供給するケーブルやリミットスイッチの配線の扱いです。ケーブルがテーブルの動きやツールに巻き込まれたりしないようにしなければなりません。またケーブルはしなやかに作られていますが、繰り返し曲げると内部の芯線が断線することがあります。

2-3-1 非可動部のケーブル

Y 軸や Z 軸のモーターへの配線は、動作中にケーブルが動くことはありません。配線の際の注意点は、テーブルやヘッドが動いた時に、ケーブルを挟んだり接触したりしないようにすることです。また切削油やキリコはケーブルを痛める可能性があるので、なるべくこれらが降りかからない位置を通したり、ケーブルやコネクタ部分を保護するようにします。

2-3-2 可動部のケーブル

X 軸のケーブルは、テーブルの移動に伴って一定の範囲で動くことになるので、ケーブルの保護や耐久性を考えなければなりません。工作機械やロボット専用のケーブルも販売されていますが、かなり高価ですし、工場のように 24 時間動き続けるわけでもないので、そこまで考えることはないでしょう。

まず第一に考えることは、ケーブルが可動部分に巻き込まれないように取り回すことです。テーブルがどのような位置にあっても、またどのような動きをしても、ケーブルが可動部に接触したり、近づいたりしないように引きまわします。そして可能な限り、作業台の表面やコラムの側面などでこすらないようにします。

ケーブルのしなやかさも重要です。一般的にモーターの接続は多芯ケーブルを使います。複数のビニール線を束ね、さらに外部の被覆で覆ったものです。強度を高めるために、引張力を担うロープを内部に持っているものもあります。このようなケーブルは強度はあるのですが、かなり堅いため、頻繁に動く部分の配線にはあまり向いていません。特に特定の場所が大きく曲げられるような取り回しになっていると、内部の芯線が断線しやすくなります。また、外側の被覆を取り除いた部分は柔らかくなるため、力を加えた時にその部分に曲がりが集中しがちです。そうなると、そこで断線が起こりやすくなるので、ケーブル全体が均等に曲がるような引きまわしと配線の固定を考える必要があります。

実際の工作機械やロボットの関節などには、とてもしなやかで断線しにくい電線が使われています。被覆に柔らかいシリコンゴムなどを使い、内部の銅線も細いものを数多く束ねることで、一般的なケーブルに比べ、曲げの繰り返しで断線しにくくなっています。またケーブルをコイル状に巻いたカールコードを使うことで、動きに強くできます。コイル状にすることで、ケーブル全体を曲げた時に、ケーブルの単位長さ当たりの曲がり量が小さくなり、耐久性が高まるのです。また伸縮するようになるので、動きが大きい場合は特に便利です。

ケーブルの保護も考えなければなりません。金属のキリコが絡んだ状態で繰り返し曲げ伸ばしをすると、被覆が破損してショートや断線の可能性が高まります。このような用途のために、しなやかに曲がるチューブの中にケーブルを通すといった配線方法もあります。

筆者の作例は、非可動部は一般的な 6 芯ケーブルを使い、可動部は、柔軟なシリコンゴム被覆のケーブルを束ね、それをコルゲートチューブという保護材に通しています。コルゲートチューブは頻繁に曲げるような用途のものではないのですが、安価で丈夫なので、だめになったら交換するつもりです。

取り回しは、作業卓の上でケーブルを引きずらないようにしました。コラム上部にケーブルを固定し、そこから X 軸モーターにケーブルを垂らしています。もっとも離れた位置でも届き、近づいた時にも作業卓に触れず、さらに加工の際に邪魔にならないようにしています。また、なるべくケーブル固定部に曲がりが集中しないように、固定角度にも気を付けています。必要に応じて、長いスプリングで上から吊るといいかもしれません。

このような配慮で実際にどれだけの寿命になるのかは未知数ですが、何も考えずに堅くて重いケーブルを作業卓上で引きずるよりはよいでしょう。

◎ Column ◎　主軸電源ケーブルの取り回し

曲げ伸ばしがあるのは、X 軸モーターケーブルだけではありません。主軸ヘッドの上下に伴い、主軸モーターの電源ケーブルも曲げ伸ばしされます。

手動操作の場合は、加工中に主軸ヘッドを上下させることはほとんどありませんが、CNC 加工では Z 軸の移動はすべて主軸ヘッドの上下で行われます。そのため、X 軸と同じように、噛み込みやこすれ、特定の場所の曲げ伸ばしを避けるように工夫しなければなりません。

コントローラがコラムに固定されている機種では、保護チューブなどの対策が採られているものが多いのですが、コントローラが主軸ヘッドに組み込まれている場合は、AC 電源コードが頻繁に曲げ伸ばしされることになります。電源コードを柔らかいものに取り換えられればいいのですが、それができない場合は、上からスプリングで釣るなどの工夫が必要です。

第3章 モーターの制御

工作機械をCNC化するためには、操作要素を動かすモーターを工作機械に装備し、そしてモーターをPCから制御できるようにしなければなりません。モーターの取り付けについては前の章で解説したので、ここではモーターをPCで制御することについて説明しましょう。

本章ではこのような用途に広く使われているサーボモーターとステッピングモーターについて説明します。そしてステッピングモーターを使う場合の駆動方法を紹介します。最後に、テーブルの移動などを検知するスイッチ類について簡単に解説します。

3-1 サーボモーターとステッピングモーター

工作機械のテーブルを正確に動かすためには、送り用のネジを正確に回す必要があります。ここでいう「正確」とは、指定した回転量を指定した時間で回転させるということです。

例えば、リードが2mmのネジを使っている場合、ネジを1回転させるとテーブルが2mm動きます。テーブルを0.1mmだけ動かしたいなら、ネジを1回転の1/20だけ、つまり18度だけ回転させる必要があります。また1秒に1mmのペースで動かしたいなら、毎秒0.5回転という一定の速度を維持しなければなりません。もし回転量や速度が正確でなければテーブルは適切に動作せず、正確な加工はできません。

このような正確な回転制御を必要とする用途には、サーボモーターとステッピングモーターが広く使われています。

3-1-1 サーボモーター

一般的なモーターは、電源を供給すると回転を始めます。負荷が大きければ回転速度は下がり、小さければ速度が上がります。このようなモーターは、そのままではテーブルの操作には使えません。正確な回転量や速度の指示ができないからです。

回転量や速度を正確に制御するために、モーターの軸に回転量を検出するセンサーを付けるという方法があります。センサーから得られる情報と指示された内容を比較し、実際の状態が指示内容に一致するようにモーター駆動電力を調整しながら運転するのです。このようなやり方をクローズドループ制御やサーボ制御といいます。精度の高いセンサーと応答性のよいモーターを組み合わせ、適切なアルゴリズムで制御すれば、サーボモーターは非常に精度の高い回転制御が可能です（図 3-1）。

サーボモーターは、モーターの能力の範囲内で、指定した通りの回転が行われることが保証されるモーターです。外部からの指示とセンサーからの情報を調べ、モーターの制御を行うコントローラをサーボアンプといいます。

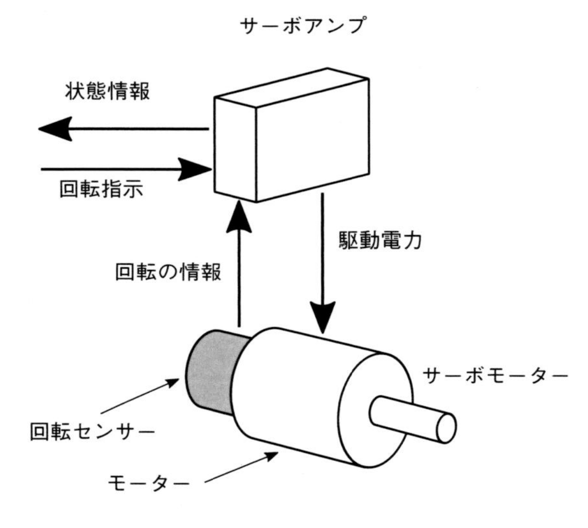

図 3-1 サーボモーターの制御

サーボアンプは、コンピュータなどによる回転の指示と、センサーから得られた実際の軸の状態を常に比較しています。そして指示と実際の状態に差があれば、その差をなくすようにモーターを制御します。その制御にモーターが追随すると差が小さくなり、最終的には差がなくなり、安定した状態となります。

サーボモーターの制御にはいくつかのパターンがあります。指定した速度での回転を維持するという制御もありますし、指定した角度だけ回転するという形の制御もあります。CNC の制御用には、後者の指定した角度だけ回転するという運転方法が使われます。

例えば、軸の角度が 0 度の時に、15 度まで回転させるという指示をサーボアンプが受けたとします。現在のセンサーの状態（0 度）と指示（15 度）には差があるので、サーボアンプは差が小さくなるように、つまり軸の角度が大きくなる方向にモーターを回転させます。モーターが回転して差が小さくなるとモーターに送る電力を小さくし、最終的に差がなくなれば電力を止めます。もし軸が回転しすぎてしまった場合は、逆方向に回るように制御します。

サーボモーターの制御方法はいくつかありますが、CNC 用には、信号パルスを与えるごとに一定の角度だけ回転するというのが一般的です。つまりパルス信号が 1 回送られると、軸がある角度だけ回転するというものです。1 回にどれだけの角度進むかはモーターの仕様や設定により異なりますが、数百から数十万以上のパルスで軸を 1 回転させることができます。

このような仕組みのサーボモーターは、パルスの与え方で回転を制御できます。例えば、1 つの電気パルスで 1 度回転するサーボモーターを考えてみましょう。このモーターにパルスを 10 回与えれば、軸が 10 度回転します。

また一定の時間間隔で継続的に回転指示のパルスを与えると、そのモーターは一定の速度で回転します（ただしモーターの応答速度に対してパルスの周期が長いと、断続的な回転になります）。毎秒 360 パルス与えれば、軸は 1 秒に 1 回転します。つまり、パルスを与える速度を変えることで、モーターの回転速度も制御できます。もし負荷の大きさが変わり、回転の抵抗が変わったとしてもサーボアンプが回転の変動を検出し、それを打ち消すようにモーター出力を制御するので、最終的にモーターの軸の回転は、与えたパルスに対応します。この処理はごくわずかな変動も検出して短時間で回復させるので、人間には負荷が変動しても回転が変化していないように見えます。

この制御は、モーターが停止している時にも有効です。モーターが停止している状態で、外力で軸を回転させると、その動きはセンサーで検出されます。モーターを回転させる指示は与えられていないので、サーボアンプはその動きを打ち消す方向にモーターを回転させます。結果として、モーターの軸は元の角度に戻ります。この制御は、わずかな角度の変化も検出し、そして処理は高速に行われるので、実際にはモーターに強力なブレーキがかかっているのと同じように動作します。つまり軸を回そうと思っても、（モーターの能力の範囲で）まったく回らないという形になります。

このような制御により、サーボモーターは、与えた指示通りの角度や速度で動作するのです。

◎ Column ◎　ラジコンのサーボモーター

サーボモーターというと、ラジコンで使われるサーボを思い浮かべる人も多いでしょう。ラジコン用サーボは、ステアリング、スロットル、飛行機の補助翼の操作などを行うもので、軸が一定の角度範囲で動きます。この動作は、ここで説明したような指定速度、指定回転量とはちょっと異なります。しかしサーボモーターであることに変わりはありません。

ラジコン用サーボは、送信機のスティックで指定された角度まで回転し、その角度を維持するという動作をします。外力が加わって位置がずれると、角度センサーがそれを検出して元の角度に戻します。つまり、制御用の入力と現在の状態を比較して、指示に一致するように動作させるという点で、サーボ機能が働いているのです。

3-1-2 ステッピングモーター

サーボモーターはCNCの制御には理想的なのですが、センサー付きの専用モーターやサーボアンプなどが必要なため、どうしても高価になります（CNCに適当なものを新品で購入すると、必要なモーターとアンプのセットを揃えるだけで数十万円になります）。そのためアマチュアによるCNC改造では、より安価なステッピングモーターが広く使われています。テーブルなどを問題なく駆動できる出力の新品のモーターが、1個1万円前後で入手できます（**写真3-1**）。

一般的なモーターは直流や交流の電力を供給すると連続的に回転しますが、ステッピングモーターは、まったく異なる構造のモーターです。モーター内部に複数の巻線があり、それぞれの巻線に順番に電流を流すことで、モーターが一定の角度ずつ回転します。

モーターの内部には、歯車のような形のローター（回転子）があります。一般的なステッピングモーターは、回転子の内部に永久磁石が組み込まれているので、歯はN極かS極になります（永久磁石を使わないタイプもあります）。モーターケース側にも歯のような形状が刻まれた固定子（ステーター）があります。固定子には数組のコイルが巻いてあり（巻線）、電流を流すと電磁石になり、歯がN極かS極になります（**写真3-2**）。

写真3-1 ステッピングモーター

巻線に電流を流すと固定子の一部の歯が磁化し、極性に応じて回転子の歯と引き合ったり反発したりします。すると回転子はバランスの取れるところまで回転し、その位置で安定します。別の巻線に電流を流すと、その巻線の歯の磁力とバランスが取れる位置まで回転します。

巻線と歯の配置を適切に設計すると、複数の巻線に順番に電流を流すことで、回転子が一定の角

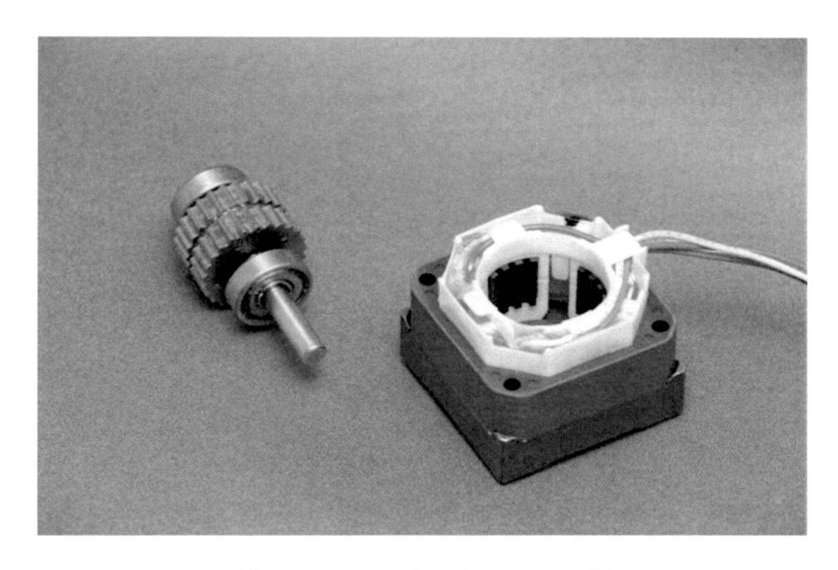

写真 3-2 ステッピングモーターの内部

度ずつ回転するようになります。歯を細かく刻むことで、1 回に進む回転角を数度から 1 度以下にできます。CNC では、200 ステップか 400 ステップで軸が 1 回転するステッピングモーターがよく使われます。

ステッピングモーターは、モーターに送るステップ単位の電流により一定の回転が行われるので、回転角や速度を簡単に制御できます。そのため CNC 工作機械に限らず、多くのメカトロニクス製品で利用されています。

一般的なステッピングモーターは、サーボモーターのような回転センサーは持っていません。つまり制御した結果の確認はしないということです。このような制御の仕方をサーボモーターのクローズドループ制御に対して、オープンループ制御といいます。用途によってはセンサーを併用することもできますが、CNC に使う場合は、センサーなしで使うのが一般的です。

センサー関連の部品や演算機能が不要なので、ステッピングモーターはサーボモーターより安価に構成できますが、欠点もあります。何らかの理由でモーターが正しく回転しなかった場合です。

過負荷などで正常に回転できないことを、脱調といいます。ステッピングモーターの制御回路は脱調を検出できないので、動作が正常に完了しなかったことを認識できず、以後の動作は、動かない、ずれるなど誤ったものになってしまいます。サーボモーターはセンサーで回転を常時監視しているので、過負荷による脱調を検出し、エラーとして通知できます。

しかし大負荷が原因で回転に異常が起こるのは、加工に際して何らかの問題が起こっているか、あるいは機器そのもの設計に不備があるということです。適切な設計で適切な使用をしている限り、脱調は起こらないので、実用上は特に問題になりません。

3-1-3 駆動の原理

非常に単純化したモデルで、ステッピングモーターの動作原理を説明しましょう。

ステッピングモーターは、巻線の構成によってユニポーラ型、バイポーラ型、5相型があります。5相型はほかの形式よりも滑らかに回転させることができますが、ドライバ回路は複雑になります。ユニポーラ型とバイポーラ型では、巻線の構成や電流の流し方が異なります。ここでは5相型には触れず、ユニポーラ型とバイポーラ型について紹介します。具体的な制御手順については、次節以降で説明します。

■バイポーラ型ステッピングモーター

バイポーラ型ステッピングモーターは、モーター内部にA相とB相の2組の固定子と巻線があり、それぞれの巻線に流す電流のオン/オフと方向を制御することで回転子が回ります。バイポーラ型は巻線に流す電流の向きで、固定子のN極、S極を反転させます。両端の線は、A相ならA、~Aとして示されます（$\overline{A}$、/Aという表記もあります）。

単純化したバイポーラ型ステッピングモーターの構造を図3-2に示します。2組の巻線のどちらに電流を流すか、また流す向きによって固定子の各極の磁性が変わり、回転子と引き合い、回転が進みます。

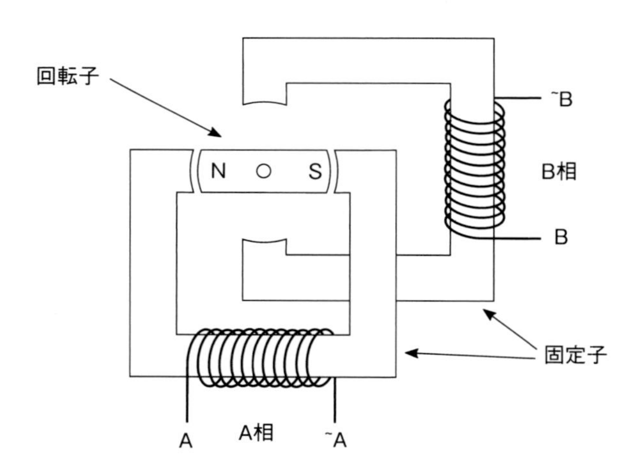

図3-2 バイポーラ型ステッピングモーター

バイポーラ型のドライバ回路は図3-3のようになります。図の回路はわかりやすくするために、電流をスイッチで制御していますが、もちろん実際の回路はトランジスタを使っています。

流す電流の向きを変えるために、1組の巻線に4個のスイッチ、モーター全体で8個のスイッチが必要です。モーターへの配線は4本となります。

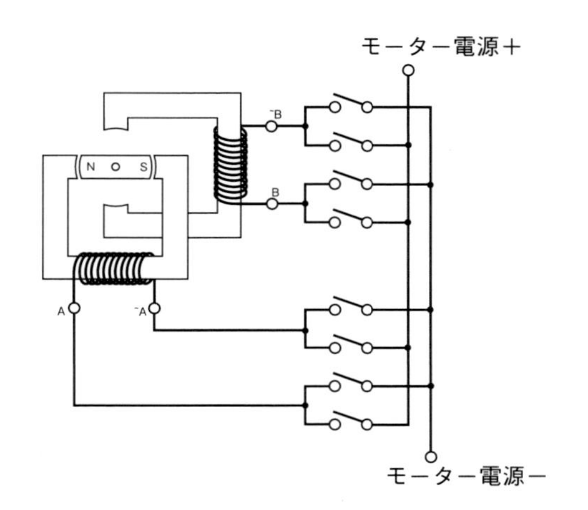

図 3-3　バイポーラ型のドライバ回路

■ユニポーラ型ステッピングモーター

ユニポーラ型ステッピングモーターの巻線は、バイポーラ型の巻線の中央からコモン線を引き出した形になっていて、1組の巻線を2つに分けて使います（図 3-4）。

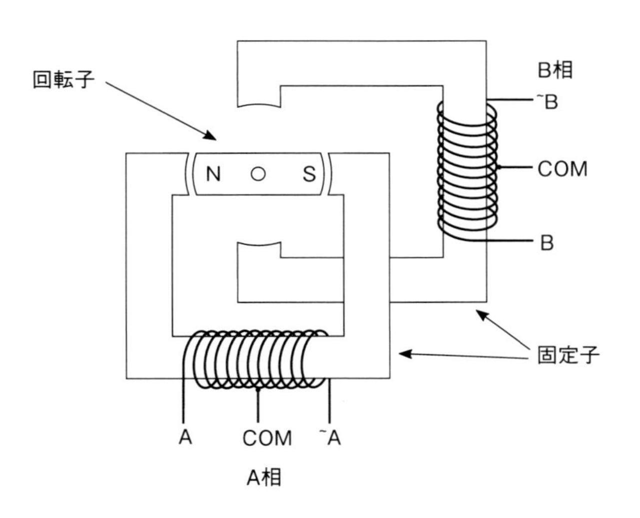

図 3-4　ユニポーラ型ステッピングモーター

固定子を磁化させる際は、コモン線とAか~Aのどちらかの間に電流を流します。バイポーラ型は巻線全体に流す電流の向きを変えますが、ユニポーラ型はコモンから巻線の片方の側にだけ電流を流します。コモン線からAと~Aのどちらかに電流を流すと、固定子はそれぞれの場合で逆向きに磁化されます。結果としてバイポーラ型と同じように、固定子の磁極のNとSを反転できます。

ユニポーラ型のドライバ回路は図 3-5 のようになります。A、~Aのどちらかに電流を流すことで磁化の向きを変えられるので、1組の巻線に2個のスイッチ、モーター全体で4個のスイッチとなり、バイポーラ型の半分で済みます。ただし配線の数は 6 本（コモンを共通化すれば 5 本）となります。

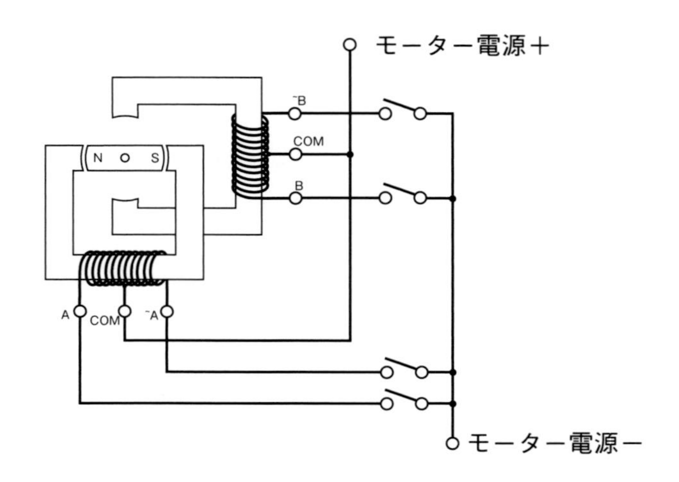

図 3-5 ユニポーラ型のドライバ回路

3-1-4 励磁制御

バイポーラ型/ユニポーラ型の A 相、B 相の 2 組の巻線は、それぞれの固定子の各極を N か S に磁化します。巻線に電流を流し、電磁石として機能させることを励磁といいます。それぞれの相を励磁するタイミングには何通りかあり、モーターの駆動方法を変えることができます。

ユニポーラ型とバイポーラ型では、巻線に電流を流す方法が違いますが、ここではユニポーラ型の制御パターンを示しています。バイポーラ型とユニポーラ型の違いは、電流を流す向きを変えるか、接続された 2 組の巻線（A と~A など）のどちらに電流を流すかという点なので、励磁タイミングの基本的な考え方は同じです。

以下の説明は、原理を示すために単純化したモデルを使っています。このモデルは 4 ステップで 1 回転ですが、実際のステッピングモーターは、磁極の形状や配置を工夫することで、数百ステップで 1 回転します。

■ 1 相励磁

ステッピングモーターのもっとも単純な制御方法は、A 相か B 相のどちらかにだけ電流を流し、4 極のうち 2 極だけを励磁するという方法です。回転子の極は固定子の極と引き合い、N 極と S 極がもっとも近くなる位置で安定します。そして励磁する極を順番に切り替えていくと、図 3-6 の構成の場合、4 回の切り替え、つまり 4 ステップで軸が 1 回転します。これを 1 相励磁といいます。

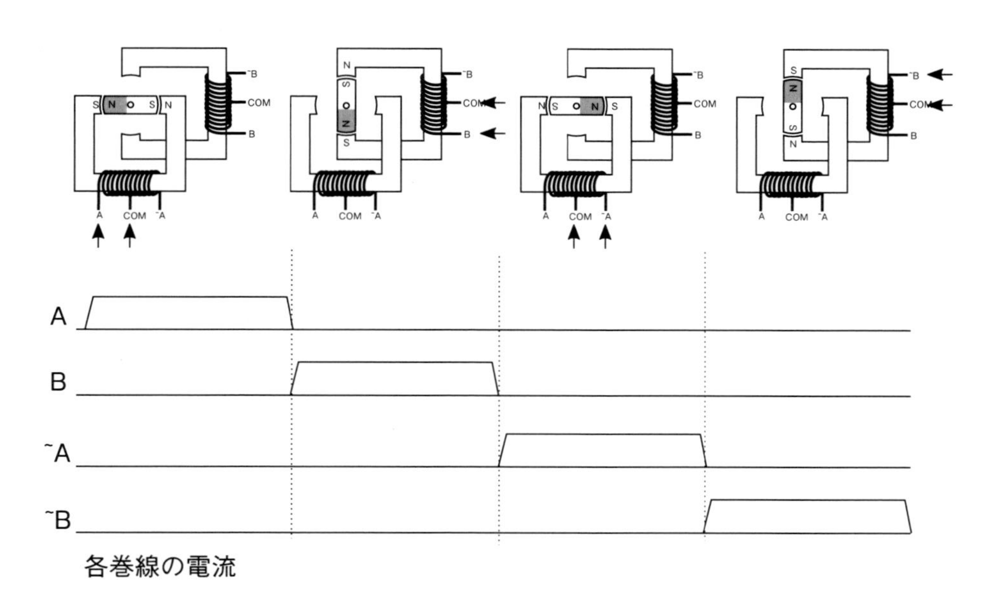

図 3-6　1 相励磁

■ 2 相励磁

2 組の巻線に同時に電流を流せば磁力が強くなるので、モーターの出力トルクを上げられます。これを 2 相励磁といいます。1 相励磁は固定子の極と回転子の極が近づいた位置で安定しますが、2 相励磁では、回転子の極が 2 つの固定子極の中間位置で安定します。2 相励磁では図 3-7 のように電流を流します。ステップ角は 1 相励磁と同じで、4 ステップで 1 回転します。

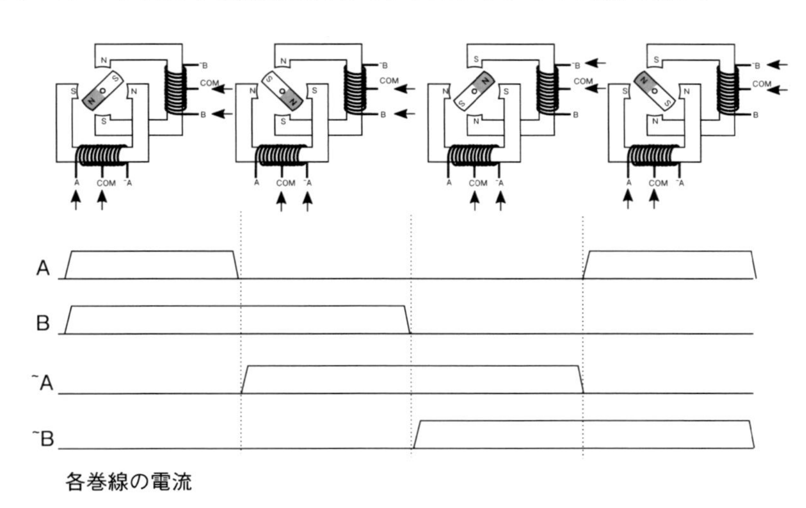

図 3-7　2 相励磁

■ 1-2 相励磁

1 相励磁と 2 相励磁では、軸の角度が半ステップ分ずれています。そのため 1 相励磁と 2 相励磁を組み合わせると、軸が回転するステップを半分にできます。つまり 8 ステップで 1 回転する形になり、1 相励磁、2 相励磁より細かな制御が可能になります。これを 1-2 相励磁といいます（図 3-8）。

このやり方では、1 相だけ励磁している時と 2 相とも励磁している時があり、トルクが変動します。そのため 2 相励磁する際には、それぞれの相の電流を弱め、トルクむらを減らすようにしているドライバもあります。

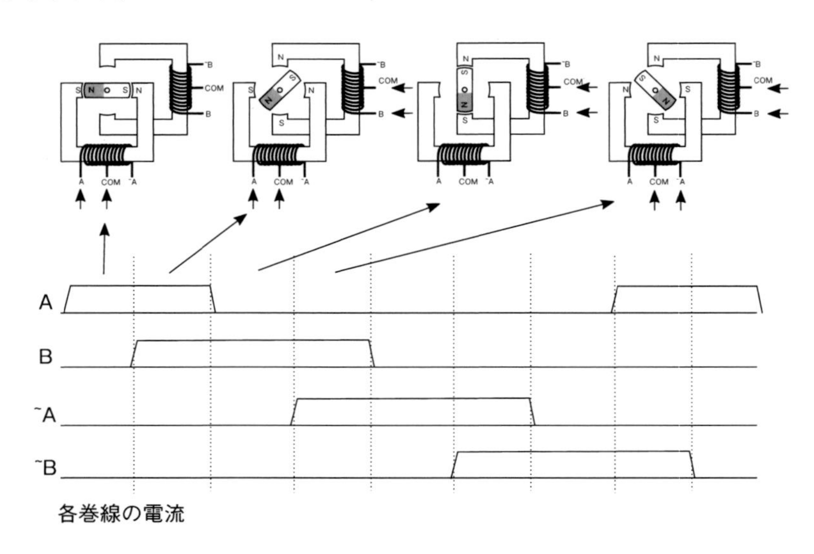

図 3-8　1-2 相励磁

■マイクロステップ制御

2 相励磁と 1-2 相励磁では、回転子の極が固定子の極の中間に位置しますが、これは隣接する 2 つの極の磁力が等しいためです。この磁力に差があれば、固定子が安定する位置が変わります。つまり固定子の隣接する極の巻線に流す電流のバランスを変えれば、1-2 相励磁よりさらに細かく回転子の位置を制御できるということです。

例えば、隣接する巻線電流のバランスを 0:4、1:3、2:2、3:1、4:0 と変えれば、ステップ角度を 1-2 相励磁の半分にでき、16 ステップで 1 回転するようになります。さらに細かくバランスを制御すれば、ステップ角度をより小さくできます。

このような制御方法をマイクロステップ制御といいます（図 3-9）。

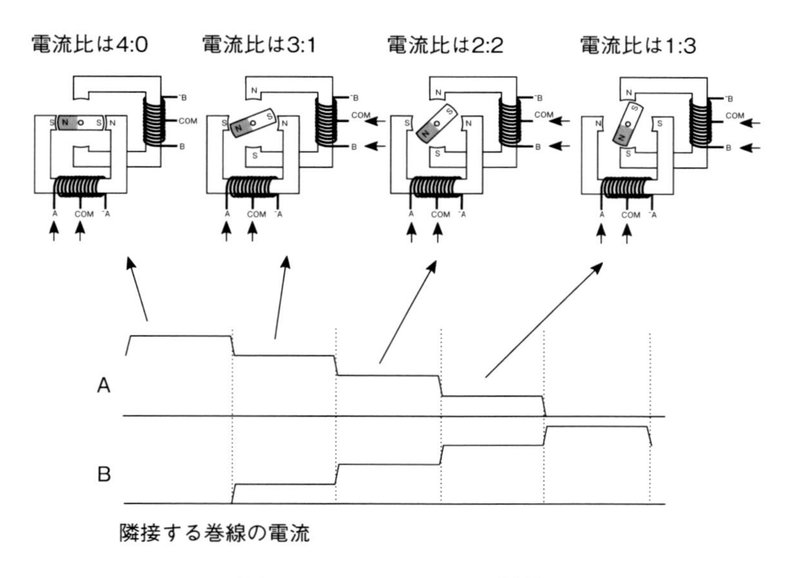

図 3-9　マイクロステップ制御

◎ Column ◎　主軸のモーター

フライス盤のツールを回転させる主軸の動力もモーターなので、CNC で回転を制御できます。しかしアマチュアによる CNC 改造では、主軸の制御までは行わないのが普通です。CNC 加工を行う場合、主軸のオン/オフだけでなく、回転数も制御したいところですが、これが難しいのです。

多くのミニフライス盤の主軸は、オン/オフ制御のみの誘導モーターか、ボリュームで速度調整できる DC モーターを使っています。オン/オフだけだと、制御する意味があまりありません。回転調整できるものでも、たいていは独自のモーターコントローラを使っており、PC との接続が難しいのです（自分で回路を調べ、適切に制御できるように改造する必要があります）。

しかし、出力が数百 W のサーボモーターで主軸を駆動するように改造すれば、回転を自由に制御できます。また速度だけでなく、回転角度も正確に制御できるので、ネジ穴加工なども可能になります。

3-1-5　ドライバ IC の使用

マイクロステップ制御を行えば、回転角をより細かく制御しつつ、滑らかな回転を実現できます。しかし制御は複雑になります。各巻線の単純なオン/オフ制御であれば、ロジック回路とパワートランジスタを組み合わせてモータードライバユニットを自作できます。しかしマイクロステップ制御を行う場合は出力電流を可変にしなければならないので、マイコンを組み込んでプログラム制御にしなければならないでしょう。具体的には、出力を PWM（Pulse Width Modulation）制御するなどの工夫が求められます。

実際には、ユーザーがマイコンなどを使ってドライバユニットを作る必要はほとんどありません。ステッピングモーター用のドライバICが各種市販されているからです。ドライバICには、制御回路、モータードライバ回路、保護回路などが組み込まれており、簡単にドライバユニットを実現できます。マイクロステップ制御に対応しているICを選べば、苦労することなくマイクロステップ制御を行うことができます。

ドライバICの構成や能力は製品によって異なりますが、基本的な機能はほぼ同じです。外部のコントローラやPCからの信号を受け取り、巻線を駆動するためのタイミング信号を生成する制御部、制御部からの駆動信号を増幅し、実際にモーターの巻線に大きな電流を流すドライバ部があります。ドライバ部には過電流などの異常を検出する回路もあり、問題が発生したら電流を遮断して回路の破壊を防ぎ、さらに制御部を介して外部にエラーを通知できます。

今回の作例では、サンケン電気のSLA7078MPRTというドライバICを使っています。これはユニポーラステッピングモーター用、各相最大3A（電流調整可能）、マイクロステップ制御対応というものです。作例では、自分で回路の配線をするのではなく、ドライバユニットとしてキットになっているものを使いました。SEC鈴木電子*1という会社の「2相ドライバキット SLA7078MPRT」です。**写真3-3**ではICに放熱器が取り付けられていますが、キットには含まれていません。またキットでは基板中央部に動作モードを決定するDIPスイッチが装着されますが、作例では外部制御のためにスイッチではなくピン端子に取り換えてあります。

写真3-3　ドライバ基板

＊1　http://sec1977suzuki.cart.fc2.com/

◎ Column ◎　カレントダウン機能

ステッピングモーターは、回転している時も停止している時も巻線に電流を流します。モーターに流れる電流は回転速度や負荷の大きさで変化し、速度が上がるほど電流が減ります。そのため停止時にはかなり大きな電流が流れます。負荷を駆動していない場合、消費される電力はすべて熱になるので、モーターが止まっている時は発熱が多くなります。

軸が外力で回ったり振動でずれたりしないように、停止時でもある程度のトルクで制動しなければなりませんが、最大出力である必要はありません（ボールネジのように外力に抵抗できない場合は、相応の静止トルクが必要になります）。そのため、高機能なモータードライバには、停止時の駆動電流を低減する仕組みが用意されています。これをカレントダウン機能といいます。

これは、制御ソフトからの指示でも可能ですが、一定時間駆動パルスがこないと自動的にカレントダウンモードに移行するという回路を作ることもできます。今回使っているSEC鈴木製のインターフェイスとモータードライバ基板は自動カレントダウン機能を備えています。

3-1-6　モータードライバの制御信号

一般的なモーターユニット（ドライバ回路まで含めたもの）の制御方法は、1個のモーターに2種類の信号を与えるというものです。信号の1つはモーターが回転する方向を指定し、もう1つの信号で、一定の角度だけ回転させます。回転方向の指定は2種類なので、単純な2値のロジック信号で指定できます。一定角度の回転の指示は、パルス信号で与えます。つまり、信号の値がLレベルからHレベルに変化した時（あるいはその逆のタイミング）にモーターが動くということです。LからHに変化した後、次の指示のために再びLに戻りますが、この時はモーターは動作させません。

この方法で使われる信号を、方向信号（Direction Signal）とステップ信号（Step Signal）といいます（図3-10）。

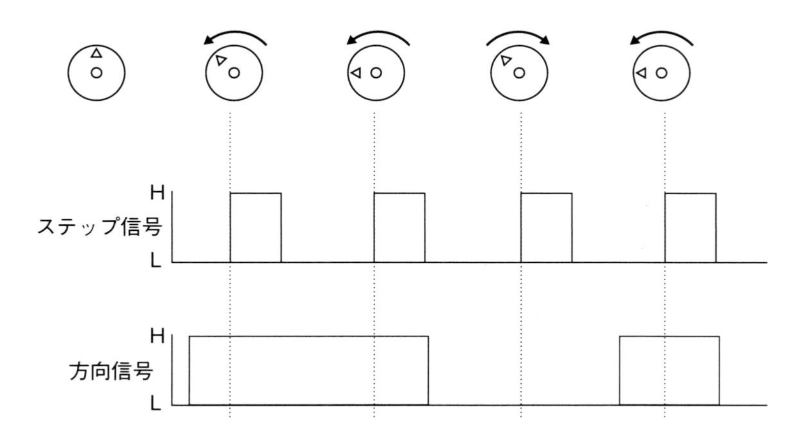

図3-10　方向信号とステップ信号

方向信号は軸の回転方向を時計回り（ClockWise、CW）か反時計回り（Counter ClockWise、CCW）で指定します。そしてステップ信号が送られると、現在の回転方向で一定角度回転します。1回にどれだけ回転するかは、モーターの特性やドライバの制御方式で決まりますが、一般に数百ステップ以上で軸が1回転します。

ステップ信号を一定の周期で与えると、モーターは一定の速度で回転を続けることになります（信号の周期が長い場合は断続的な回転となります）。この回転はステップ信号に基づいているので、過負荷で脱調しない限り、負荷が大きいと遅くなるといったことはありません。

これに似た信号方式として、2種類のステップ信号を使う方法もあります。時計回りと反時計回りで、別のステップ信号を使うというものです。この場合は、回転方向を示す信号は使いません。

汎用のモータードライバICは、方向/ステップ信号を受けて、巻線を駆動する電力を制御するようになっています。

モータードライバIC、制御信号用のインターフェイス回路、電源などを1つのモジュールにまとめたモーターコントローラやモータードライバユニットと呼ばれる製品も、モーターの製造元から提供されています。このような製品を使用すれば、自分でドライバや電源を組み立てることなく、ステッピングモーターを利用できます。

◎ Column ◎　ロジック信号のローとハイ

モーターの制御やMachの設定の中で、ロー（low、L）とハイ（high、H）という用語が出てきます。これはロジック信号の状態を表しています。デジタル回路で使われるロジック信号は2種類の状態を表します。パラレルポートなどで使われている信号は、電圧の高低でこの2種類を表します。例えば、0.8V以下、2.5V以上という2種類です。これをローやハイ、L、Hなどで表します。使用する素子により多少の違いがありますが、基本的に0V近辺でL、電源電圧の1/2ないし2/3以上がHとなります。

インターフェイスボード、モータードライバなどに与えるロジック信号は、基本的にこの2種類の電圧が使われています（長く伸ばす配線やノイズの多い環境用の回路では、これとは異なる規格の信号も使われます）。またオン/オフを示すスイッチやセンサーを接続する場合は、この2種類の電圧を生成するように回路を準備しなければなりません。

モーターの制御信号についてもう1つ考えておくことがあります。モーターを制御するための信号が、どのような電気信号としてやり取りされるかという点です。例えばPCのパラレルポートを使う場合、パラレルポートで扱う電気信号は一般にTTLレベルと呼ばれる0Vから5Vの範囲で変化する電圧信号です。汎用のモータードライバICの多くも同じ方式の信号を扱うので、パラレルポートとモータードライバICは直結できます（実際には多少の保護回路なども必要です）。

モーターメーカーが販売しているサーボアンプやステッピングモーターコントローラは、TTLレベル以外にも何通りかの信号方式が使われています。これはさまざまな使用条件に対応するためです。例えば大型の機械でモーターコントローラとPCを接続するケーブルが長いとか、電磁的なノイズの多い環境での使用では、相応の電気信号方式が必要になります。例えば前述のTTLレベルの信号は、長距離伝送には対応せず、ノイズ耐性も低いのです。また信号を伝える経路の途中で電気的な絶縁が求められる場合もあります。

モーターコントローラでは、次のような信号が使われます。

●TTLレベル（トーテムポール）

0Vと3Vから5Vが出力されます。電流の流れ込みと流れ出しは大きくなく、インピーダンスも高めなので、長い距離（数メートル以上）やノイズの多い環境では信頼性が低くなります。

●オープンコレクタ（オープンドレイン）

0Vへの短絡とオープン（どこにも接続されない、あるいは抵抗を介して電源電圧に接続）で2つの状態を示します。電流量を外付け抵抗で変えることができます。また複数の信号を並列に接続し、OR/AND動作させることができます。

●差動信号

極性が反転した2本の信号線を使うことで、ノイズの影響を低減します。さまざまな信号規格と組み合わされ、ノイズ耐性を高めます。

市販のモーターコントローラを使う場合は、対応する信号方式や使用条件を考え、必要に応じて適切なインターフェイス回路を用意する必要があります。

◎ Column ◎　信号の絶縁

信号線を長く伸ばしたり、あるいはノイズが多い環境で使う場合、信号線に大きなノイズが乗ったり異常電圧がかかることがあります。このようなノイズ類は、PC側の繊細な回路を破損させたり、ソフトの暴走を引き起こすことがあります。外部からのノイズや異常電圧を防ぐために、信号線をアイソレート（絶縁）するという方法があります。スイッチやセンサーからの信号、あるいはモータードライバへの信号を電気的に切り離すのです。

信号を電気的に絶縁するには、信号の入力側と出力側が電気的に接続されない回路を使用します。一番単純なのは、電磁石で接点を開閉するリレーです。しかしリレーは、モーターのステップ信号のような高速信号には追従できません。

このような信号の絶縁にはフォトカプラーという部品を使います。これは密閉されたパッケージの中にLEDとフォトトランジスタが向かい合わせに組み込まれたもので、LEDが点灯するとトランジスタがオンになります。LEDとトランジスタは電気的にはつながっていないので、電気的に絶縁しながら信号を送ることができます。ただしこのような接続をする場合、スイッチやセンサー側に専用の電源が必要になります（電源を共有したら、完全な絶縁になりません）。

3-2 スイッチやセンサー、その他の機器

テーブルや主軸ヘッドをモーターで動かす場合、テーブル類の位置を検出するスイッチについても考えなければなりません。このようなスイッチは、テーブルやヘッドが限界位置を超えて移動するのを防いだり、絶対位置を認識するために使われます。

また、工作機械をオペレーターが操作するためのコントローラがあれば、作業の準備などで手動操作するのが楽になります。使いやすいCNC工作機械を実現するには、単にテーブル駆動用のモーターを備えるだけでなく、これらのスイッチやコントローラも欲しいところです。

モーターの制御は、制御用のPCから見るとデータの出力です。PCから送り出したデータによってモーターが動くからです。これに対しスイッチやコントローラの信号は工作機械からPCへのデータ送信、つまりデータの入力になります。これらの入力情報は必須ではありませんが、対応していると機器の使い勝手が大きく向上します。

本書の執筆時点では、作例にこれらの機能を組み込んでいませんが、ここでテーブルの位置情報の検出と、それに必要になるスイッチの扱いについて、簡単にまとめておきます。

3-2-1 スイッチ類のデジタル入力

工作機械に限らず、PCやマイコンでスイッチの状態を調べることはよくあります。ここで、スイッチをデジタル回路に組み込む際の基本を説明しておきます。

■スイッチとデジタル信号

デジタル入力ポートは、デジタル信号のHとLを認識するので、スイッチを使ってこのHとLの信号を生成しなければなりません。一般にロジック信号のHは電源電圧（ここでは5V）、Lはグラウンド（0V）の電圧とすればよいので、スイッチの動作によってこのような電圧切り替えをする回路を用意します。この時注意しなければならないのは、スイッチからの信号が、HでもLでもない状態、具体的には電源にもグラウンドにもつながっていない、あるいは中間の半端な電圧にならないようにするということです。

スイッチをデジタル回路に組み込む際は、図3-11のように配線します。

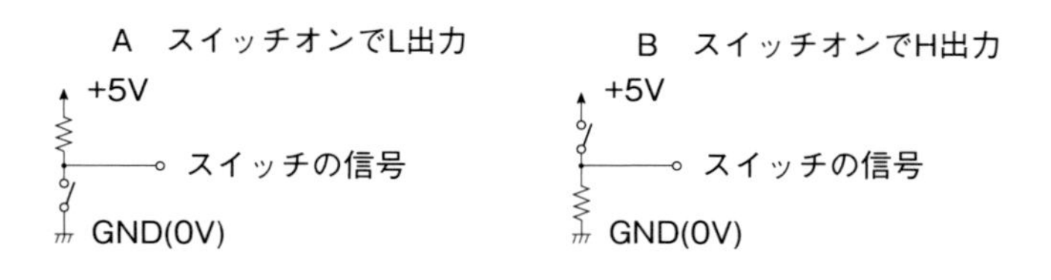

図3-11 スイッチの接続

図 3-11 の A の構成は、スイッチがオンになると信号が L になり、オフの時は H になります。スイッチがオンになると、信号線はスイッチによってグラウンドにつながるので 0V、L レベルになります。スイッチがオフの時は、信号線は抵抗を介して電源につながり、5V、H レベルになります。この抵抗があることにより、信号線はスイッチがオンでもオフでも何らかの電圧源につながることになり、不安定な未接続状態にはなりません。

スイッチがオンの時、電源とグラウンドが抵抗でつなって電流が流れますが、その量はわずかなので、回路全体の動作に影響は与えません。

図 3-11 の B の構成は逆で、オンで H、オフで L になります。電圧源が変わるだけで、原理は A と同じです。

このような回路を作るとして、抵抗値はどれくらいにすればよいのでしょうか？　抵抗値が大きいほど、スイッチがオンの時に流れる電流が減るので、回路の消費電流を減らすことができます。しかし、少なければいいというものでもありません。

スイッチは金属の接点が触れたり離れたりする構造ですが、長く使っていくうちに接触が悪くなります。大電流を制御するスイッチは、接点で火花を飛ばすことで、接点の汚れを飛ばすようになっています。小電流のスイッチでは火花が飛ばないので、接点の表面処理などで、劣化が進みにくいようにしています。

スイッチに流れる電流が少ないと、接点の劣化による接触不良や接触抵抗の増加の影響を受けやすくなります。そのため、スイッチ回路に使う抵抗の値は、大きすぎてもよくないのです。また、スイッチが大電流用か微小電流用かも影響します。大電流用スイッチを微小電流で使うと、接点のクリーニングが行われないため、接触不良が起こりやすくなります。許容開閉電流が数アンペア以上というスイッチは、大電流用だと考えてよいでしょう。

使用するスイッチが微小電流用であれば、ミリアンペア単位の電流で問題なく使用できます。例えば電源電圧が 5V で、1k Ωの抵抗なら 5mA、4.7k Ωなら約 1mA の電流となります。もし大電流用のスイッチを使うのであれば、より多くの電流を流すほうが多少はよい結果が得られるかもしれません。例えば 220 Ωの抵抗で約 25mA となります。

市販のインターフェイス基板などは、あらかじめこのような抵抗（プルアップ抵抗やプルダウン抵抗と呼ばれます）が回路に組み込まれていることが多いので、実際にスイッチを接続する際には、回路側がどのようになっているかを確認する必要があります。回路側に適切な抵抗があれば、スイッチを接続するだけで使用できます。

大電流用のスイッチを使う場合、一度でも大電流の開閉を行ったスイッチは使ってはいけません。火花により表面が荒れるので、微小電流の場合は逆に接触抵抗が大きくなってしまうことがあります。

ここで説明したスイッチは、作動すると接点が接触するというものでしたが、実際のスイッチには、2 組の接点を持つものが多くあります。スイッチの作動で接触する接点と離れる接点です。つまり、スイッチの作動で電流が切られる接点も持つということです。操作していない時に開いている（電流が流れない）接点を常開（Normally Open、NO）接点、閉じている側（電流が流れる）を常閉（Normally Close、NC）接点といいます。NO 接点をメーク接点、NC 接点をブレーク接点と呼ぶこともあります。

このように、2 つの状態でそれぞれの接点が閉じるタイプのものを、双投タイプ（トランスファータイプ）といいます（図 3-12）。これをうまく使うと、複数のスイッチを組み合わせて特定の条件を検出することもできます。

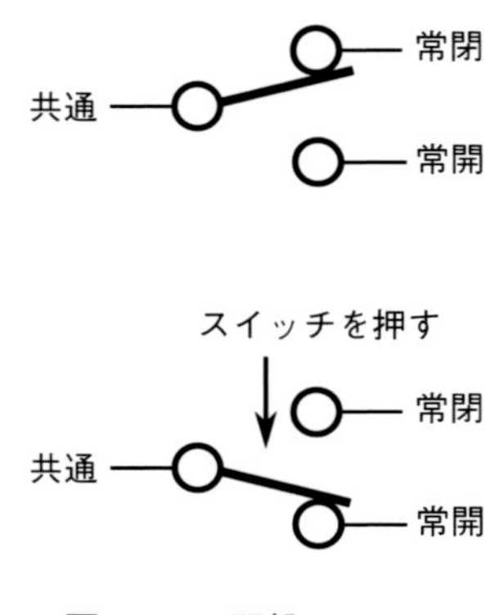

図 3-12　双投スイッチ

機械式接点を持つスイッチの特性として、チャタリング（バウンス）についても知っておく必要があります。スイッチの接点が接触する時、あるいは離れる時、ミリ秒程度の短時間ですが、接点がバウンドします。これは電気的にみると、短時間の間に数回スイッチがオン/オフを繰り返し、最終的に安定したオン、あるいはオフになるということです。この現象をバウンスやチャタリングといいます（図 3-13）。コンピュータは情報を高速に処理できるので、このようなチャタリングを、スイッチが数回押されたと判断してしまいます。

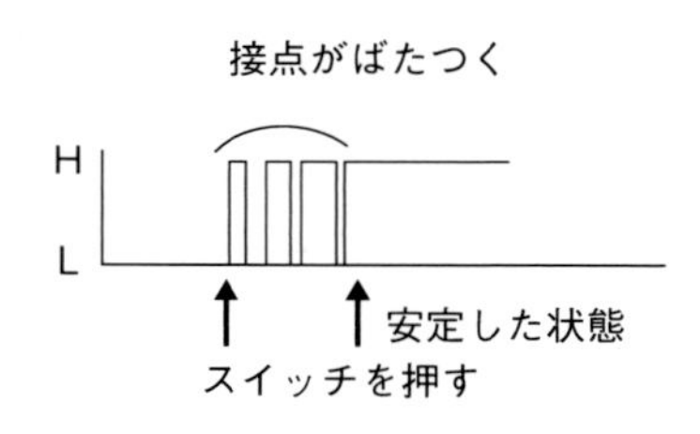

図 3-13　チャタリング

スイッチが押された回数が重要な意味を持つ場合、あるいはスイッチ操作により何らかのアクションが複数回発生しては困るという場合は、チャタリングへの対処が必要です。具体的には 2 通りの方法があります。

1 つは信号を処理するソフトウェアの側で、チャタリングに対処するという方法です。スイッチの信号の変化を検出したら、数ミリ秒待機し、その後、再び信号の状態を読み取って確定情報とするという方法です。図 3-13 に示したようにチャタリングによるオン/オフの繰り返しは待機している間に安定するので、何度もスイッチが押されたと判定されることはありません。

もう 1 つの方法は、スイッチ回路側に部品を追加し、短時間内のオン/オフの繰り返しを電気的にキャンセルしてしまうという方法です（図 3-14）。スイッチと並列にコンデンサを入れると、急激な電圧変化が吸収されて信号波形が滑らかになります。ただし信号電圧が変化する時間が長くなるので、過渡期の不確定な電圧の時間が長くなるという欠点があります。これが問題になる場合は、シュミットトリガーゲートというバッファを使います。これは入力にヒステリシス特性を持たせることで、不安定な入力でも安定した出力を得られるというものです。

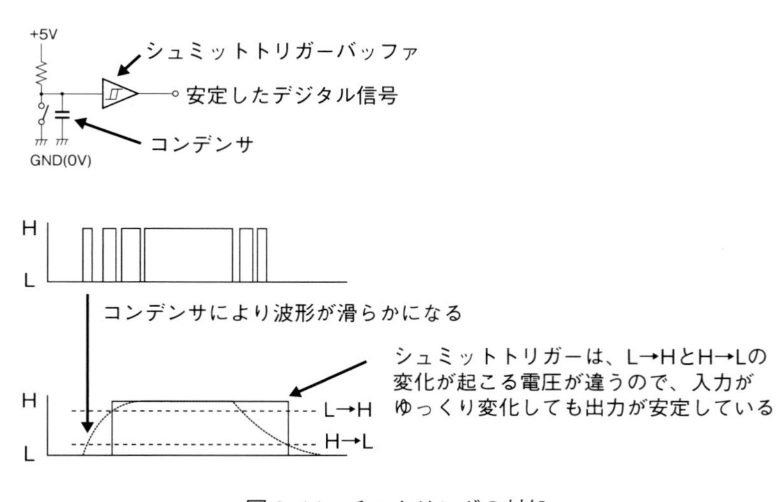

図 3-14　チャタリングの対処

位置検出のスイッチ類に関しては、チャタリングによって問題が起こるような要素はあまりありませんが、プログラムがおかしな動作をしたりする可能性もないとは言い切れないので、きちんと対処しておいたほうがよいでしょう。ジョグコントローラなどは、押した回数が重要な意味を持つので、チャタリング除去は必須です。

■センサー

機械式の接点を持つスイッチは、どうしても経年劣化の問題があります。スイッチの接点の開閉回数が増えると、接触不良が起きたり、チャタリングがひどくなったりします。結果として数年でスイッチが使えなくなり、交換しなければならなくなります。

機械式の接点を使わない光や磁気のセンサーを使えば、このような寿命の問題を解決できます。ただし接続するための回路が複雑になったり、部品が高価であるといった欠点もあります。

磁気センサーは、マグネットが近づいたことを検出するセンサーを使います。センサー出力の微弱な電圧を増幅する必要があるので、自作するとかなり複雑であり、また精度を高めなければならないので、市販のモジュールを使うのが一般的です。

光学式センサーは、機構部の動きで光が遮られたことを検出します。発光ダイオードとフォトトランジスタが向かい合っており、その間に何かが挟まると光が遮られ、フォトトランジスタが電流を流さなくなります。このような構造のセンサーをフォトインタラプタといいます（図3-15）。

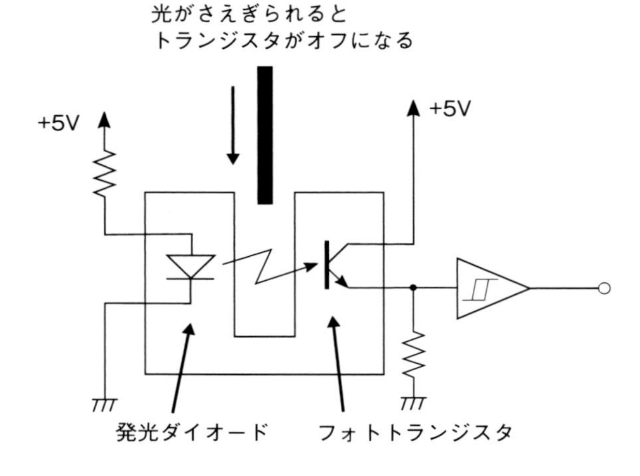

図3-15 フォトインタラプタ

デジタル信号を出力できるタイプなら、電源をつなぐだけでHとLのデジタル出力が得られますが、付加回路を持たないタイプのセンサーを使う場合は、図3-15のような回路を作ります。

この回路の概略を説明しましょう。LEDに直列に入っている抵抗は電流制限用のもので、LEDの定格電流と電源電圧から値を決めます。フォトトランジスタとグラウンドの間の抵抗は負荷抵抗です。光が当たるか当たらないかでフォトトランジスタに流れる電流が変化し、この抵抗によりそれが電圧変化になります。このアナログ電圧変化をバッファICで受け、安定したデジタル信号とします。このバッファICは、シュミットトリガーゲートにしておくと動作が安定します。

3-2-2 テーブルの位置検出スイッチ

テーブルのX-Yの移動、主軸ヘッドの上下の移動について、位置を検出するスイッチを付けることができます。

このスイッチは、テーブルや主軸ヘッドがある特定の位置にあることを制御ソフトに通知します。テーブル類が動作範囲の限界位置に達した時に動作するスイッチを、リミットスイッチといいます（用途の面で、スイッチやセンサーをリミットスイッチと総称することもありますし、そのために作られたスイッチのこともリミットスイッチと呼びます）。通常の加工作業では、テーブル類を限界位置まで移動させることはないので、このスイッチの作動は、加工プログラムのミスや工作機械の動作異常が発生したことを意味します。制御ソフトは、このスイッチからの信号をエラー発生として対処し、工作機械を止めなければなりません。

リミットスイッチとは別に、例えばテーブルの中央位置など、ホームポジションを検出するためのホームスイッチを用意することもできます。

このようなスイッチがあると、制御ソフトはテーブルの絶対座標を定めることができます。スイッチが動作するまでテーブルをゆっくり動かすことで、制御ソフトはテーブルの位置情報を認識できます。以後、この座標値に基づいて動作することで、工作機械で絶対座標を扱うことができます。このような仕組みがない場合、制御ソフトは相対的な座標しか扱えません。作業中に限界位置に達しないようにするといったことは、すべてオペレーターの責任になります。誤って限界位置に達しても、制御ソフトはそれを知る術がないのです。

3-2-3 リミットスイッチ

リミットスイッチは、テーブル類がスライド移動する部分に装備します。移動する 2 つの要素（テーブルとサドル、サドルとベース、コラムと主軸ヘッド）の片方にスイッチを、もう一方にそのスイッチを作動させる部品を取り付けます。これらは前後、左右、上下の 2 方向に移動するので、リミットスイッチはそれぞれの方向に用意します。つまりテーブルであれば、右の限界位置と左の限界位置のスイッチを用意するということです。

位置の検出にはスイッチやセンサーを使います。

●メカニカルスイッチ

マイクロスイッチやリミットスイッチと呼ばれる接点式のスイッチ部品を使う方法です（図 3-16）。これらのスイッチは、おもに機械の動作などにより作動することを目的としたものです。そのためスイッチの操作部分は、レバーやローラーになっているものもあります。特に各種産業用機器で使うことを意図したものは信頼性が高く、油や水がかかる環境で使えるものもあります。

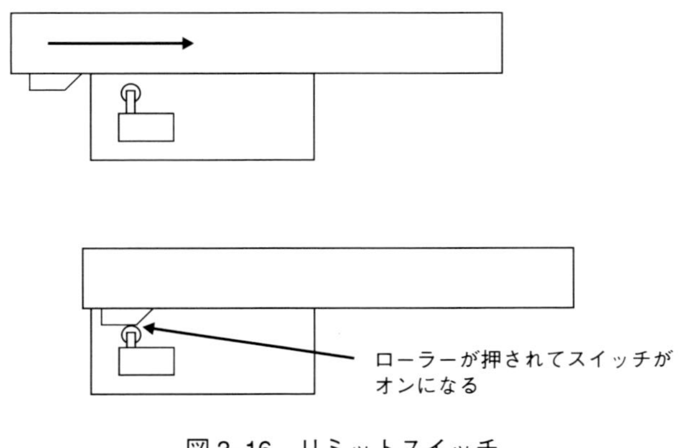

図 3-16　リミットスイッチ

●フォトセンサー

位置を光の遮断によって検出します。例えばフォトインタラプタをサドル部に取り付け、遮光板をテーブル側に取り付ければ、テーブルがある位置に来た時に、フォトインタラプタが検出できます（図3-17)。スイッチのような接触部分がないので信頼性が高くなります。

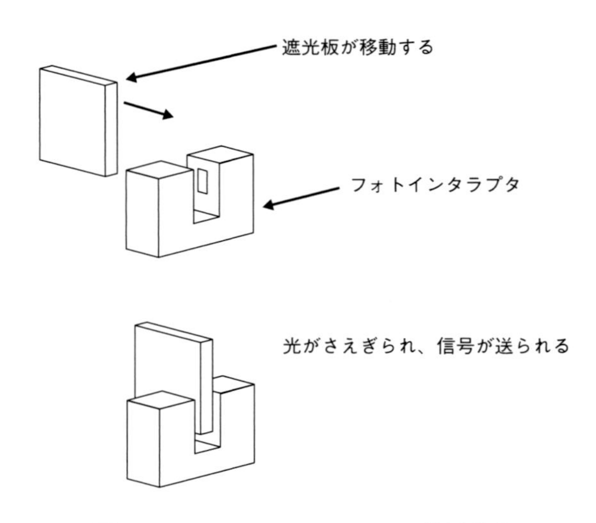

図3-17　フォトセンサーによる位置検出

●磁気センサー

マグネットと磁気センサーの組み合わせです。これも非接触型なので信頼性が高く、また耐水、耐油のものもあります。

これらのスイッチやセンサーは、テーブルの側面など、キリコや油がかかる場所に取り付けることになるので、それらの影響を受けないようにカバーなどを備える必要があります。

3-2-4　ホームスイッチ

ホームスイッチは、テーブルや主軸ヘッドが特定の位置にあることを検出するスイッチです。一般に材料の固定やツールの交換などの作業を行う位置を、ホーム位置として定義します。テーブル類がその位置に来た時に動作するスイッチがホームスイッチです。

ホームスイッチは、機能としてはリミットスイッチと同じですが、エラー検出ではなく、通常動作時に参照されるスイッチとなります。例えば電源を入れた直後、座標が未確定の状態で、ホームスイッチが作動する位置まで移動させることで、システムはテーブルの位置（絶対座標）を把握できます。

3-2-5 コントローラ

作業の準備などでテーブルを移動する場合、ハンドルが付いていれば手回しで動かすことができますが、この場合テーブルの移動を制御用のPCが把握できず、座標の整合性が取れなくなります。

オペレーターの操作でテーブル類を動かすモーターを駆動できれば、移動を制御ソフトで把握できるので、このような問題は起こりません。PC上の制御ソフトは、マウスやキーボードを使ってこのような手動移動をサポートしていますが、使いやすいとはいえません。業務用の工作機械では、回転するダイヤル型のコントローラを備えており、手動操作を簡単に行えます。このようなコントローラをMPG（マニュアルパルスジェネレータ）といいます。モーター駆動用のパルスを手元で生成するという意味です。

3-3 作例の紹介

ここで、筆者がCNC改造したフライス盤を紹介します（**写真3-4**）。CNC改造は、ベースとなる機器、使用するモーター、作業に使える工作機械などに応じてひとつひとつ違った形になりますが、参考にはなると思います。

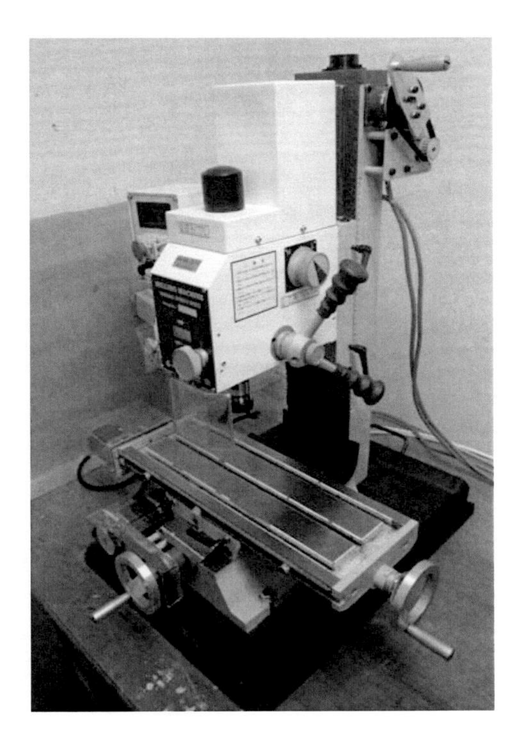

写真3-4　CNC改造したFM115

3-3-1 ベースにした機器

ベースにしたのは寿貿易/メカニクス[*2]で扱っていたFM115という機種で、ミニフライス盤としては中型クラスになります。これはもともとはOptimum BF20という製品のようで、国内ではML-3という名称で同等品が販売されています。

おおよそのスペックは**表3-1**のとおりです。

項目	仕様
テーブルサイズ	500mm × 180mm
テーブル移動量	X 290mm、Y 145mm
ヘッド移動量	270mm
クイル繰り出し	50mm
主軸テーパー	MT2
モーター出力	800W
重量	105kg
送り	X軸、Y軸　台形ネジ、リード2mm、Z軸　台形ネジ、リード4mm

表3-1　ベースにした機器のスペック

筆者の行ったCNC改造の要点は以下の通りです。

●X、Y、Zの3軸を制御

テーブルの前後左右、主軸ヘッドの上下をPCで制御します。主軸のオン/オフ制御は行いません。

●手動操作機能を残す

ハンドル操作の機能を残し、通常の手動操作機としても使えるようにします。単にハンドルが使えるだけでなく、ハンドルに付いている目盛も残します。

●元に戻せる形で改造する

おもに失敗した時のためだったのですが、ネジ止めの部品を外す程度で、ほぼ元に戻せるようにしました。つまりオリジナルの主要部品を元に戻せないほど加工はしないということです。

●コンパクトにまとめる

設置している作業卓の広さがぎりぎりだったため、モーター部が大きく張り出すような構造

＊2　https://www.kotobuki-mecanix.co.jp/

は避けました。

高精度な加工ができるようにするといったことは、当面の目標には含まれていません。今回の改造では、1/10mm 程度の加工精度だと思われます。最大の理由は送りネジのバックラッシュです。ネジそのものの隙間に加え、ネジを位置決めするベアリング部の固定精度などの問題があります。今後、より高精度な加工が必要になれば、ボールネジに変更したり、軸受部を改良するなどの加工が必要でしょう。

◎ Column ◎　ミニ工作機械の問題

小型とはいえ、フライス盤や旋盤が数万円から数十万円で入手できるのは、中国や台湾などのメーカーが安価な製品を製造しているからです。このクラスの製品を作っている国内メーカーはわずかしかなく、品質は高いのですが数十万から 100 万円超えになってしまいます。
輸入品には価格相応の問題もあります。精度がきちんと出ていないとか、部品や加工の不良でうまく動かないといったことが珍しくありません。オークションなどで販売されている格安品は、多くが輸入したままの状態です。工作機械を扱う会社が輸入しているものもいろいろで、検査だけしたもの、不具合の調整や改修をほどこしているものなどがあります。
一般に、輸入後に手間をかけたものほど価格が高くなります。そのためベースが同じ製品であっても、販売価格が倍以上になることも珍しくありません。ある程度経験を積んで自分で調整や整備、改修ができるようになれば、自分で整備することを前提に安価なものを買うという選択もあります。しかし最初のうちは、販売業者で整備済みで、保証があるもののほうが安心でしょう。

3-3-2　X 軸と Y 軸のモーターの取り付け

この製品は台形ネジでテーブル、主軸ヘッドを動かします。今回はボールネジ化は行わず、製品の台形ネジをそのまま使っています。また、ネジとモーター軸をカップリングで接続する形にすると、モーター部の張り出しが大きくなるため、モーターを横に移動し、ベルト伝動にしました。

X 軸はテーブルの両側にハンドルがあるので、向かって右側のハンドルを手動操作用とし、左側のハンドルを取り外してベルト用のプーリーに交換してあります。オリジナルのハンドルはキー溝で軸に力を伝え、ナットで固定する構造だったので、プーリーに同じように（おもにヤスリで）キー溝加工を行い、ナットで締め付ける構造にしました。このナット締めは送りネジのスラストベアリングに与圧を与える役割もあるので、なるべくガタが小さく、かつ軽く回るように調整する必要があります。

モーターは 4mm 厚の鉄板を加工して作ったプレートに取り付け、それを鉄棒製のスペーサーを介して、テーブル端部にネジ止めしてあります。モーター軸は D 断面（軸の一部が押ネジのために平面に加工されているもの）なので、押ネジでプーリーを固定しています。ベルトの張り調整のため、モーター取付ネジの穴は長穴にしてあります（**写真 3-5**）。

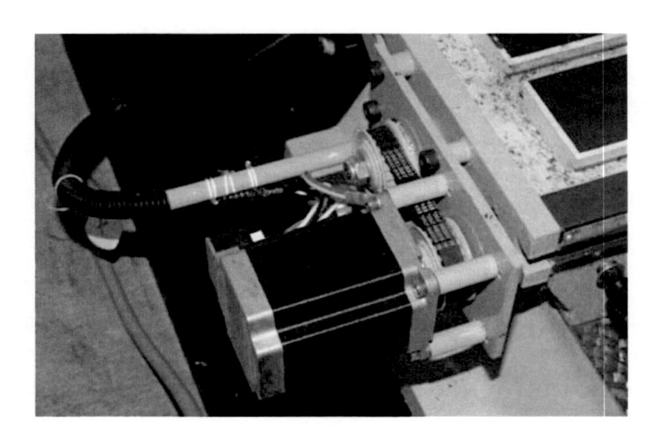

写真3-5　X軸のモーター

Y軸はハンドルが1個しかないので、X軸のような方法は使えません。このような場合、両軸モーターを使い、一方の軸にネジを接続し、反対側にハンドルを付けるというのが一般的です。この方法は手前側の張り出しが大きくなるので、今回はハンドルとプーリーを一体化し、横に置いたモーターで回転させるという構造にしました。

ハンドルのボス部には、自由に回転する目盛カラーが付いているので、プーリーのボス部分をハンドルと同じ形状に旋盤で加工し、目盛カラーを取り付けます。そしてボス部を削り取ったハンドルを、プーリーにネジ止めしました。軸とプーリー/ハンドルの固定はX軸と同じでキーとナットを使っています。

これを回転させるモーターは、ベース部の向かって左側、テーブルの下の部分に置いてあります。X軸用と同じように鉄板の取り付けプレートを用意し、それをスペーサーを介してベース部にネジ止めしてあります（写真3-6）。

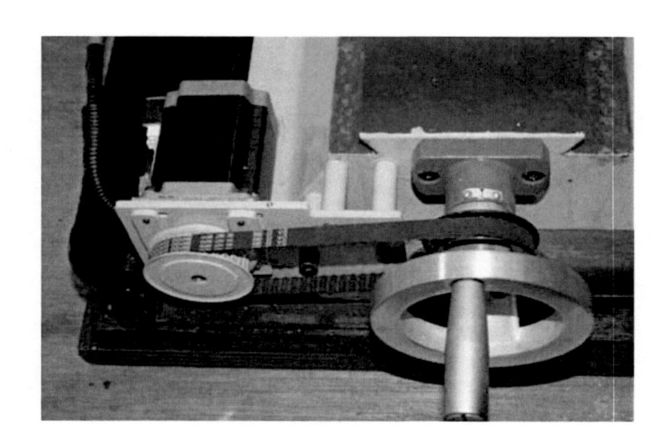

写真3-6　Y軸のモーター

伝動に使っているのはコグドベルトやタイミングベルトと呼ばれる歯付きのものです。ベルトの歯とプーリーの歯が噛み合うので、普通の摩擦式ベルトのようなスリップが発生せず、誤差が生じません。またほとんど伸びない材質なので、歯車伝動よりもガタはありません。

X 軸側はベルトとプーリーがモーター取り付け部品と干渉しないように比較的小径の 20 歯のプーリーを使っています。Y 軸側はハンドルと目盛カラーを取り付ける都合上、ちょっと大きめの 30 歯のプーリーを使っています。X 軸、Y 軸とも、モーター軸と送りネジ軸のプーリー径は同じで、モーター 1 回転についてネジが 1 回転し、2mm の移動となります。

ベルトとプーリー、モーター、ケーブルにキリコや切削油がかからないように、カバーを作りました。透明の塩ビ板を適当に加工したものを、モーター取付プレートにネジ止めしています。

◎ Column ◎　スラストとラジアル

ベアリングや力のかかる方向について説明する際に、スラストとラジアルという言葉を使います。これは軸にかかる力を表す用語で、スラストは軸と同方向、ラジアルは軸と直角方向を表します。例えばラジアルベアリングは、車輪により荷重を支えるような、軸と直角方向の力を受けるベアリングです。それに対してスラストベアリングは、自転車やバイクのハンドル、首振りキャスターのように、回転軸と平行な方向の力を受けるベアリングです（図 3-18）。

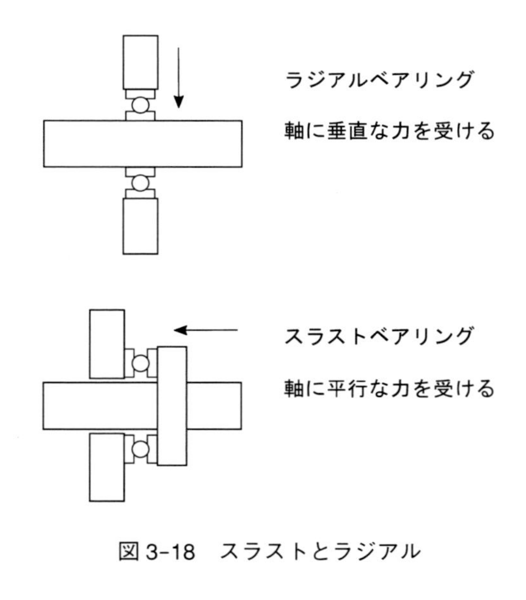

図 3-18　スラストとラジアル

3-3-3 主軸ヘッドの上下

主軸ヘッドはコラム中の台形ネジで上下します。ハンドルはコラム上部の側面にあり、ベベルギヤを介して送りネジを回す構造になっています。送りネジをモーターで直接駆動するのが望ましいのですが、ネジ端の加工が大変になりそうだったので、ギヤによるバックラッシュが増えてしまいますが、Y軸と同じようにモーターでハンドルを回すようにしました。

この部分はほかにも改造が必要でした。主軸ヘッドは20kg以上の重さがあり、上に動かす時にモーターの力が足りるかどうか不安でした。そこで重さを相殺するようにガススプリングを取り付けました（**写真3-7**）。これはシリンダー内部に油と高圧ガスを封入し、その中でピストンが往復する構造になっており、ゆっくり動くスプリングとして使える部品です（自動車のボンネットやリアゲートの支えなどに使われているものを見たことがあるでしょう）。

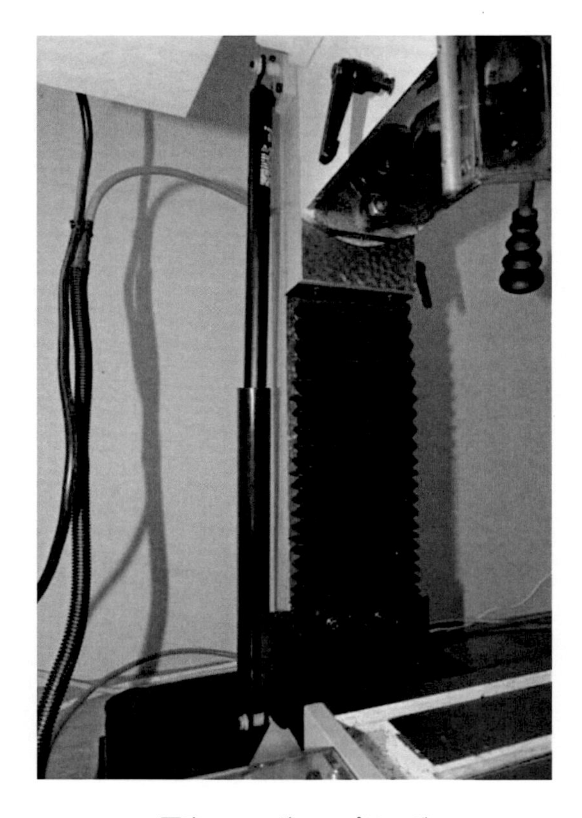

写真3-7　ガススプリング

これで動きは軽くなったのですが、別の問題が発生しました。ヘッドを上下させる送りネジのスラスト方向の遊びがとても大きかったのです。ガススプリングを入れる前は、ヘッドの重さにより、常にネジを下げる方向に力がかかっていました。そのため、軽加工なら遊びの問題はなかったのですが、ヘッドが軽く動くようになったことで影響が出るようになりました。そこで、ネジの軸受部を改造し、遊びを小さくしました。

もともとこの送り機構は、ヘッドの重さを想定して上から吊る構造でした。スラストベアリングも吊り荷重を支える部分にしかなく、加工時に発生する上向き荷重を受けるようにはなっていません。そこで軸受部の部品を一部交換し、薄型のニードルスラストベアリングを挟み、ガタを減らし、上向きの荷重を受ける構造にしました（**写真 3-8**）。またハンドルの回転をネジに伝えるベベルギヤの遊びも大きかったので、ギヤの取り付け部にシムを挟むなどして噛み合い調整を行い、1/10mm 程度までガタを減らしました。

写真 3-8　Z 軸の送りネジの改造

これらの改造と調整の後、上下ハンドルをプーリーに交換しました。ここも Y 軸と同じように目盛カラーを取り付けるように加工し、さらに手回し用の取っ手を取り付けてあります。

モーターは X 軸、Y 軸と同じように、鉄板とスペーサーを使って取り付けています。ヘッドの上下ネジはリードが 4mm でほかの軸の倍なので、20 歯と 40 歯のプーリーを使い、1 対 2 に減速しています。結果としてモーター 1 回転当たりの移動量は 2mm になり、X 軸、Y 軸と同じになっています（**写真 3-9**）。

写真 3-9　Z 軸のモーターの取り付け

3-3-4　コントローラボックス

PC のパラレルポートからの信号でモーターを駆動するための部品類をケースに収めています。ケース内には、PC 側とのインターフェイス基板、モーターとロジック回路用の電源、モータードライバ基板があります。

■インターフェイス基板

パラレルポートからの信号はインターフェイス基板に送られます。これは SEC 鈴木電子の CNC インターフェイス用基板セット（**写真 3-10**）という製品で、以下の機能を持っています。

●モータードライバ用インターフェイス

モータードライバは方向信号とステップ信号で制御するようになっていますが、その信号形式は何種類かあります。単純な TTL レベル、オープンコレクタ、差動信号などです。この基板は、パラレルポートの TTL レベル信号をこれらの信号形式に変換できます。今回は単純な TTL レベルの信号をモータードライバ基板に送っています。

●カレントダウン機能

モーター駆動用のステップ信号が停止すると、自動的にカレントダウンモードにできます。これは単純なタイマー回路によって、一定時間ステップ信号がないとカレントダウン信号を有効にするというものです。ステップ信号が送られてくるとこのモードは自動的に解除されます。同社のドライバ基板と組み合わせると、簡単にカレントダウン機能を実現できます。

●その他の出力インターフェイス

主軸のオン/オフ、クーラントポンプの制御などに使える汎用出力ポートを備えています。本書の執筆時点では使用していません。

●入力インターフェイス

位置検出のスイッチなどを接続するコネクタがあり、それらの情報をPC側の制御ソフトウェアに送ることができます。本書の執筆時点では使用していません。

写真3-10 インターフェイス基板

3-3-5 ステッピングモーター

各軸を駆動するステッピングモーターは、オリエンタルモーターのPKP268-U20Aというものです。ユニポーラ型、各相最大2A、最大制止トルクは1.75N・mです。200ステップで1回転ですが、これをマイクロステップ駆動し、1600ステップで1回転させる構成で使っています。

■モータードライバ

モータードライバ基板は、インターフェイス基板とともにSEC鈴木電子製のもので、サンケン電気のSLA7078MPRTというユニポーラ用ドライバICを使っています。これをX、Y、Zの3軸に加え、将来のA軸拡張を考え、4組備えています。

このドライバ基板はステップ信号と方向信号で制御します。さらにインターフェイス基板からのカレントダウン入力により、停止時の電流を低減させることができます。

■電源

モーター用に24V 10A、ロジック用に5V 2Aの電源を搭載しています。

使用しているモーターは各相2Aというもので、これを3台か4台接続します。すべてのモーターが最大負荷になった場合、電源の容量が不足する可能性があるのですが、3軸で通常使用の範囲では問題ないようです。

インターフェイス基板とモータードライバ基板は、ロジック用の5V電源が必要なので、モジュールタイプの小型電源も組み込んであります。また空冷ファンと外部機器接続（拡張予定の手元コントローラ）のために小型の12V電源も用意しています（**写真3-11**）。

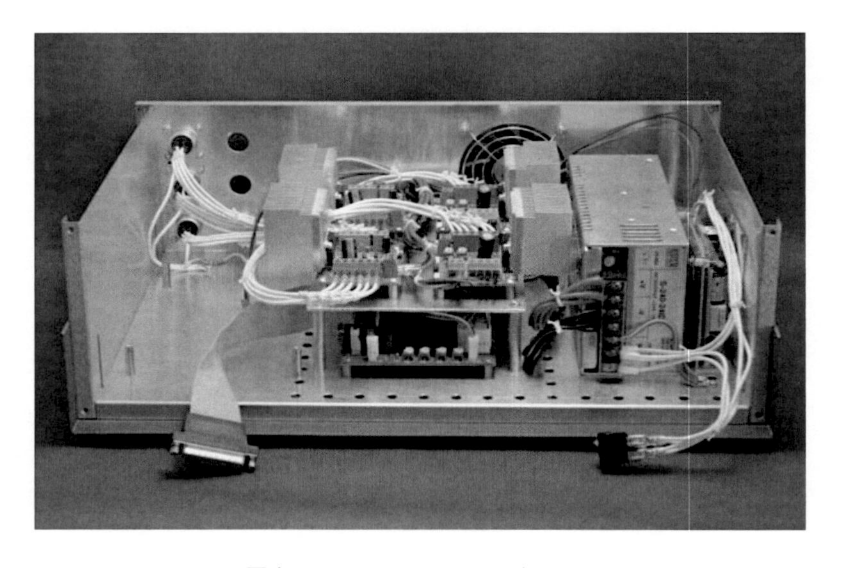

写真3-11　コントローラボックス

3-3-6　各モジュールの配線

ここで、PC、ステッピングモーター、コントローラボックス内の各モジュールの配線について説明します。配線の接続図を図3-19に示します。

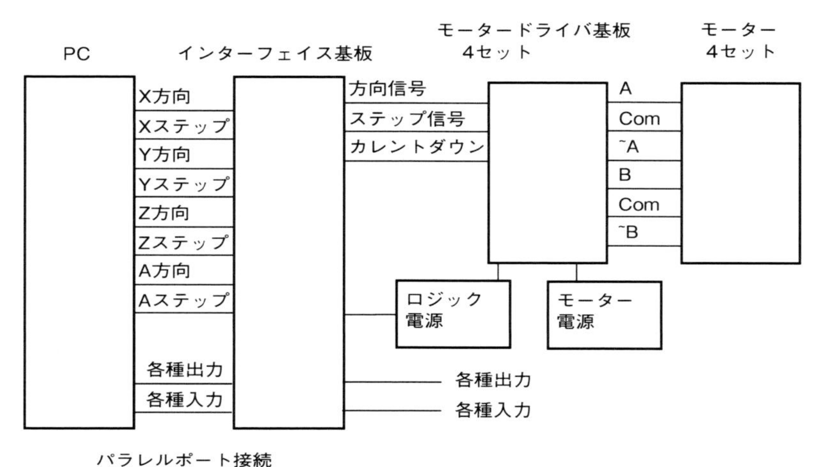

図3-19　各モジュールの接続

PCのパラレルポートとパラレルポートインターフェイス基板の間は25ピンのD-subコネクタケーブルで接続します。パラレルポートは25ピンのうち、PCから見て入力は5本、出力は12本で、このうち出力の8本は入力に切り替えることも可能です。インターフェイス基板はモーター4台に対応しています。入出力切り替え可能な8本はモーター駆動信号に割り当てられているので、この基板を使う場合は、パラレルポートは出力モードで使用する必要があります。この基板はモータードライバ用の出力、ほかの入力ピンと出力ピンを、外部回路に接続するコネクタを備えています。

作例は4台のモーターを駆動する構成になっています（1台は将来の拡張用）。

インターフェイス基板のモーター接続コネクタには何種類かの信号に対応していますが、作例ではTTLレベルの信号を使い、モータードライバ基板に方向信号とステップ信号を送っています。さらにインターフェイス基板が備えている停止時のカレントダウン制御のための信号（電圧レベル信号）を接続しています。

モータードライバ基板には、ユニポーラステッピングモーター用にA、~A、Acom、B、~B、Bcomの6個の端子があり、これがモーターに接続されます。

インターフェイス基板とモータードライバ基板は、ロジック用に5Vの電源が必要です。そしてモータードライバ基板には、モーター駆動用の24V電源も接続します。

3-3-7 拡張予定

本書で紹介している筆者のシステムは、PCでモーター制御するだけですが、今後、いくつかの機能を付加する予定です。拡張機能として以下のものを考えています。

●A軸
●テーブルのリミットスイッチ
●テーブル用モーターの個別オフラインスイッチ
●制御モードの切り替え（PC制御、手動制御など）
●ジョグ/シャトルを備えた手元コントローラ

第４章　制御ソフトのセットアップ－Machの準備

PC を使って何かを行うためには、そのためのソフトウェアが必要です。フライス盤の CNC 制御も例外ではありません。制御ソフトウェアを自作することも不可能ではありませんが、市販あるいはフリーのソフトウェアを使うのが一般的です。筆者は Newfangled Solutions という会社の Mach というソフトウェアを使っています。これはアマチュア向けの市販 CNC 機や個人で行う CNC 改造で、一番使われているソフトウェアでしょう。

本書の執筆時点で、Mach はバージョン３とバージョン４が提供されています。Mach４は登場して日も浅く、稼働数では Mach３のほうが多いようなので、本書ではバージョン３と４の両方について説明します。

4-1　Mach の機能と構成

Mach の基本的な機能は、工作機械の動作を制御する G-code ファイルを読み込み、その指示に従って工作機械を動かすことです。また、画面上の操作で工作機械を手動で動かすこともできます。

Mach の使用方法については、次章でより詳しく解説します。

4-1-1　工作機械の制御

Mach は適当なインターフェイスを使って工作機械に接続し、制御を行います。具体的には以下の機能を備えています。

●動作の制御

主軸を駆動するモーターや、テーブル、主軸ヘッドを移動させるモーターを制御し、主軸の回転数、ツールの位置と移動を操作できます。またクーラントの制御、ツールの交換などにも対応しています。

●状態情報の取得

工作機械に備えられた各種のセンサーやスイッチの情報を取得し、それを表示したり、制御に反映させることができます。またキーボードやマウスとは別に、手動操作用のコントローラを接続し、機器の操作を効率化することもできます。

4-1-2 G-code の処理

CNC 加工は、G-code という制御プログラムに従って行われます。G-code がどのようなものなのかは第 6 章で解説しますが、ここでは工作機械を動作させる手順を記述したテキスト形式のファイルと考えておいてください。

Mach は G-code を以下のように扱うことができます。

●G-code プログラムの実行

G-code プログラムを収めたファイルを読み込み、記述された動作指示を連続的に実行できます。通常の CNC 加工はこのようにして行います。

動作確認のために、任意のところで停止させたり、1 行ずつ実行させることなどもできます。

●G-code プログラムを 1 行ずつ実行

キーボードから G-code プログラムを 1 行ずつ入力し、逐次実行させることができます。

●各種設定

いろいろな動作モードや加工の際に使用する座標系を設定したり、使用するツールの寸法データの登録などができます。これらの操作は G-code プログラム中に記述することもできますが、それぞれの工作機械に固有のパラメータや設定などは、プログラム中ではなく、機器の設定として分けて行うことができます。

4-1-3　手動操作

Mach は G-code プログラムに従って自動的に加工を行うためのソフトウェアですが、オペレータの操作で工作機械を手動で制御することもできます。

カーソルキーを使ってテーブルを動かしたり、ジョグコントローラを使って位置の微調整を行えます。またキーボードからの G-code 入力で、座標や速度を指定して移動や切削を行うこともできます。

典型的な手順は、作業の開始前に手動操作でツールの位置決めなどの準備を行い、その後、G-code ファイルを使って自動的に加工を行いというものです。

4-2　PC と工作機械の接続

ここまでの章で説明してきたように、汎用の PC で CNC 制御する工作機械は、制御用モーターも含めた工作機械本体と、それをコンピュータに接続するためのコントローラ/インターフェイスから構成されます。

PC と工作機械の接続には、パラレルポート、USB、ネットワークや、専用のインターフェイスなどが使われます。Mach ソフトウェアは特定のインターフェイス方式に制約されませんが、それぞれの方式用のドライバやプラグインが必要になります。専用のドライバは、工作機械やコントローラを製作した会社が用意することになりますが、汎用的に使われているいくつかの方式については、Mach のパッケージに含まれています（有償のものもあります）。

アマチュアによる改造では、デジタル信号を直接やり取りできるパラレルポート接続が広く使われています。パラレルポート用のドライバは、Mach のパッケージに含まれています（Mach 3 には標準で組み込まれており、Mach 4 では有償のプラグインとして提供されます）。

本書ではパラレルポートを使って接続する方法を解説します。

4-2-1　コントローラの働き

PC を使って CNC 加工を行う場合、PC と工作機械の間に何らかのコントローラユニットが必要です。コントローラはモーターを駆動するためのドライバ、電源、スイッチやセンサー類の接続配線、PC とのインターフェイス回路などから構成されます（図 4-1）。

パラレルポートを使う場合、PC はコントローラに、個々のモーターを制御するためのデジタル信号を送ります。コントローラはこの信号に基づいてモータードライバを制御し、モーターを駆動します。

工作機械にテーブルの位置情報などを示すセンサーやリミットスイッチがある場合は、それらからの信号を PC が処理できるデジタル信号に変換し、パラレルポートを介して PC に送ります。コン

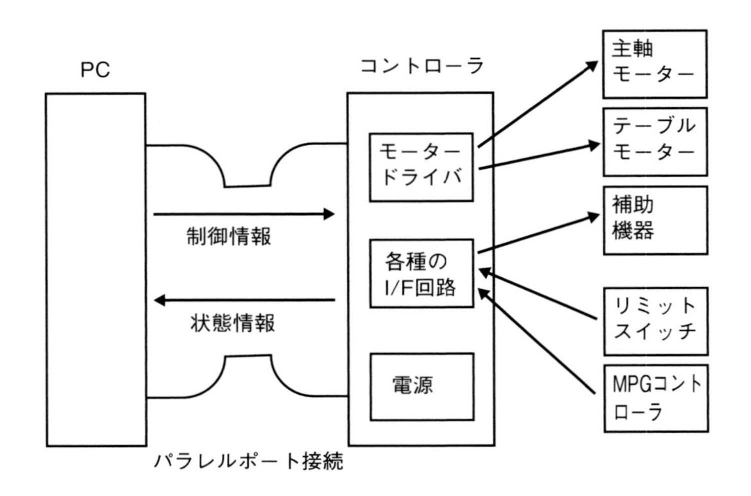

図4-1 コントローラユニット

トローラや工作機械本体にオペレータが操作するスイッチが備えられていれば、それらからの信号もPCに送られます。

パラレルポートは、1つのポートで10ビット以上のデジタル信号を並行してやり取りしますが、USBやネットワークで接続する場合は、それぞれの通信方式に従った適当なプロトコルを使い、制御情報がやり取りされます。

4-2-2 Windows OSの32ビット／64ビットとパラレルポートの対応

WindowsでMachを使う際、OSの構成について考えておく必要があります。OSの32ビット／64ビットの違いです。

現在のWindows（XP以降）には32ビットOSと64ビットOSがあります。それ以前のWindowsは32ビットOSのみです。64ビットOSにはいくつかのメリットがあります。まずメモリ容量が大きいことです。32ビットOSは3GB以上のメモリは利用できませんが、64ビットOSはこの制限はなく、普通の家庭用のPCでも8GB、16GBのメモリを利用できます。64ビットOSはより多くのプログラムを同時に実行することができ、また1つのプログラムで扱えるデータ量も増えるので、同じハードウェアであっても、32ビットOSよりも能力の向上が見込めます。

32ビット版と64ビット版では、OSの内部構成が異なるため、実行するアプリケーションにも区別があります。32ビットOSでは、32ビット用のアプリケーションしか動作しません。

64ビットOSでは64ビット用アプリケーションが動作します。それに加え、従来の32ビット用アプリケーションを動かすための仕組みも用意されています。32ビット用アプリケーションはたくさんありますが、それらがすべて64ビット用のものを提供しているわけではないからです。新しいアプリケーション、パフォーマンスを求めるアプリケーションの多くは64ビット用が提供されていますが、64 ビットの能力を必要としないもの、古いソフトなどは 32 ビット用です。また Office ツールやブラウザなど、外部プラグインプログラムを使うソフトは、32 ビットプラグインに対応させるために、64 ビット用が提供されていても、わざわざ 32 ビット用を使うことが珍しくありません。

いろいろな事情はあるものの、今日の普通の使い方であれば、64 ビットの Windows を使うことにほとんど問題はありません。たいていは 64 ビット OS に備えられている 32 ビットアプリケーションのサポート機能で差異を吸収できるからです。

ただし、どうしても対応できない部分もあります。デバイスドライバのように、OS と緊密に連携して動作するソフトウェアです。これは 32 ビット用と 64 ビット用の明確な区別があり、異なる OS には対応しません（図 4-2）。

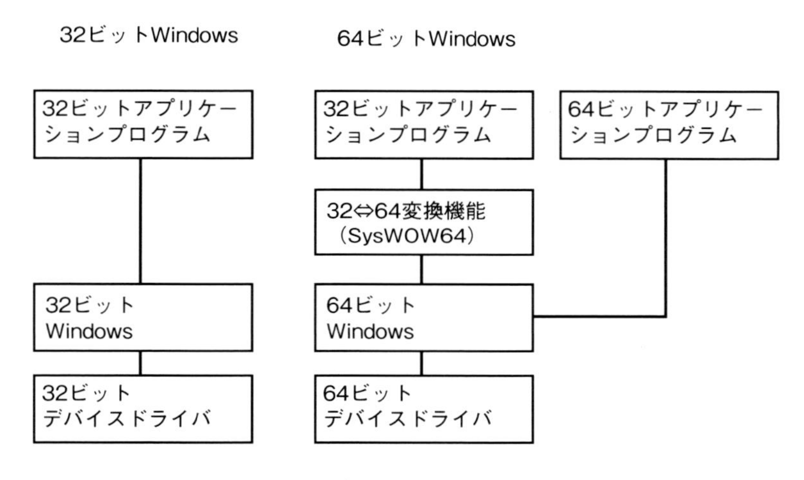

図 4-2　32 ビット OS と 64 ビット OS

Mach を使う際には、OS の 32 ビット、64 ビットを慎重に考えなければなりません。Mach ソフトウェアの本体部分は 32 ビットアプリケーションとして構築されており、32 ビット OS でも 64 ビット OS でも動作します。しかし、パラレルポート（あるいは専用インターフェイス）を使う場合に問題があります。工作機械とパラレルポートで接続するために、Mach 専用のパラレルポートドライバをインストールするのですが、このドライバが 32 ビット用しか提供されていないのです（2016 年 1 月時点）。また、パラレルポートの使用をサポートしている Windows のバージョンは、Mach 3、4 とも Windows 7 までとなっています。

CNC 工作機械のモーターを駆動するには、正確なタイミングで制御信号を生成しなければなりません。実際には数十マイクロ秒単位でのタイミング制御が必要です。多数のプロセスが並行して動作する汎用コンピュータ上で動作するアプリケーションプログラムの内部で、このような微小時間の制御を行うのは困難です。タイミングにシビアな処理を優先的に実行するには、OS の内部、デバイスに近い層で動作する必要があります。そのため Mach は、この処理をパラレルポート用のデバイスドライバ内で行っています。このデバイスドライバは単にパラレルポートの信号を操作するだけでなく、精密なタイミング制御も行っているのです。

このような下位レベルでの制御を行わなければならないため、別の制限もあります。USB 接続タイプのパラレルポートには対応していません。USB インターフェイスは OS の別のドライバやモジュールが管理しており、それを経由してパラレルポートとして扱われます。そのため Mach のデバイスドライバではパラレルポートのハードウェアを直接操作できず、目的の動作を行えないのです。

Mach ではバージョン 3、4 とも、このパラレルポートドライバが 32 ビット版しか提供されていないので、64 ビット OS ではパラレルポートを利用できません。Mach でパラレルポートを使う場合は、32 ビット OS を選択する必要があります。また USB 接続のパラレルポートに対応してないので、パラレルポートが本体に備え付けられているか、拡張バスを備えた PC でなければなりません。

パラレルポート以外のインターフェイスで接続する場合は、個々の製品のインターフェイスとドライバの対応次第です。

4-2-3　パラレルポートの準備

パラレルポートはもともとプリンタを接続するためのインターフェイスでしたが、その後拡張され、IEEE 1284 という汎用インターフェイスポートになりました。パラレルポートは複数のデジタル信号をやり取りするように設計されているので、プログラムからデジタル信号で外部機器を簡単に制御できます。

パラレルポートを使う接続は、アマチュアにとっては一番簡単な方法なのですが、大きな問題があります。最近のパソコン製品のほとんどは、パラレルポートを備えていないのです。パラレルポートをサポートしているのは、一部のメーカーのカスタマイズ可能モデルや、自作 PC 向けのマザーボードの一部くらいしかありません。もし CNC 化のために新品や中古の PC を準備するのであれば、OS が 32 ビットであることと共に、パラレルポートについても気を付けてください。

デスクトップタイプの PC であれば、パラレルポートを追加できます。内部の拡張スロットにパラレルポート基板を装着することで、Mach のデバイスドライバで扱えるパラレルポートになります。パラレルポート基板は、拡張バスの形式に応じて、PCI タイプ、PCI Express タイプのものがあります（**写真 4-1**、**写真 4-2**）。またケースの大きさに応じて、ロープロファイル用の取付ブラケット（コネクタ部を支える金具）が必要になります。

接続する機器の機能によっては、1 ポートのパラレルポートでは信号数が不足することがあります。このような時は PC にパラレルポート基板を増設し、2 ポートにできます。Mach 3 は 2 ポート、Mach 4 は 4 ポートのパラレルポートをサポートしています。

筆者の作例は、内蔵パラレルポートと拡張基板のパラレルポートの 2 ポート構成になっています（現時点では 2 ポートめは未使用です）。

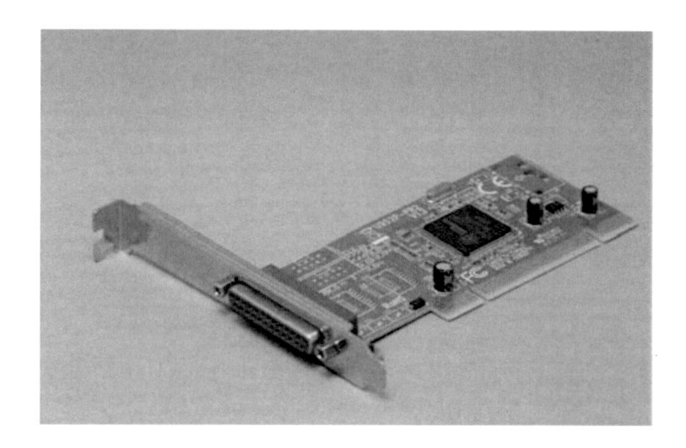

写真 4-1　パラレルポート基板（PCI スロット用）

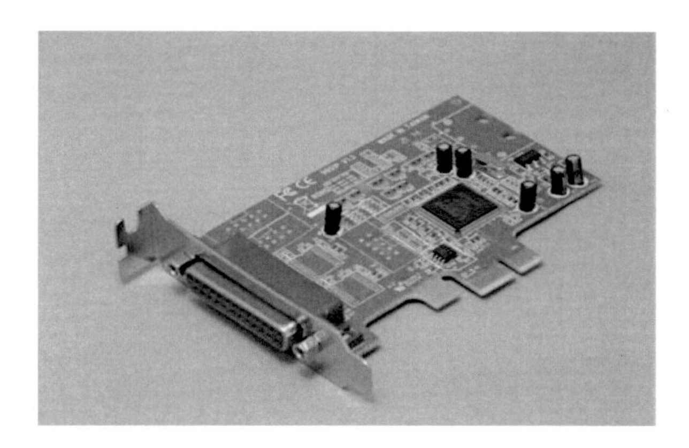

写真 4-2　パラレルポート基板（PCI Express スロット用）

パラレルポートのセットアップは、以下のようになります。

1. マニュアルに従って基板を装着し、Windows 用のデバイスドライバをインストールします。このデバイスドライバにより、Windows でパラレルポートを認識できます（Windows 用のドライバと Mach のパラレルポートドライバは別のものです）。

   オンボードのパラレルポートは、通常は使えるようになっているはずですが、BIOS レベルや OS レベルで無効化されている場合もあるので、その時は BIOS 設定を変更したり、デバイスマネージャで有効化してください。

2. パラレルポートが使用可能になっているかどうかをデバイスマネージャで確認します。そしてポートのアドレスを確認します。一般にオンボードのポートの場合は 0x378 か 0x278、拡張基板の場合はインストール時に自動的に設定されます。

   ポートの情報は、デバイスマネージャで目的のパラレルポートの［**プロパティ**］ダイアログを開き、［リソース］タブで確認できます。［I/O の範囲］の最初の行がポートアドレスです(画面 4-1、画面 4-2)。ポートのアドレスは、Mach のセットアップ時に必要になります。

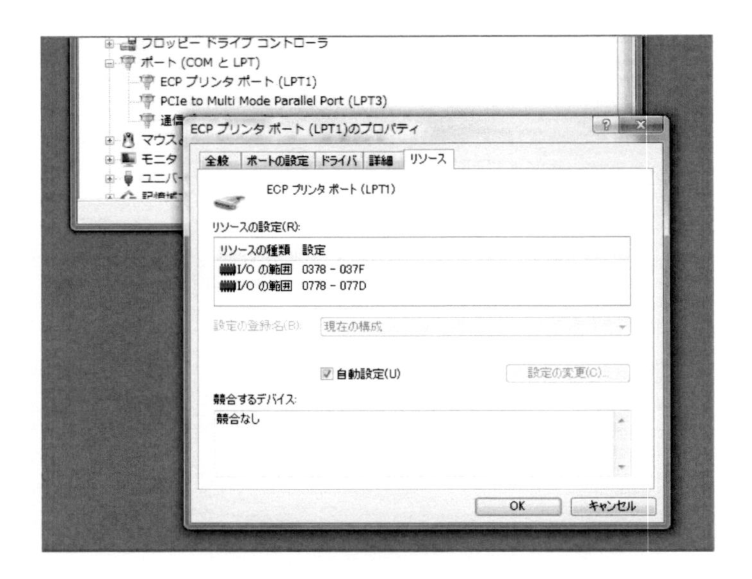

画面 4-1　旧来のパラレルポート

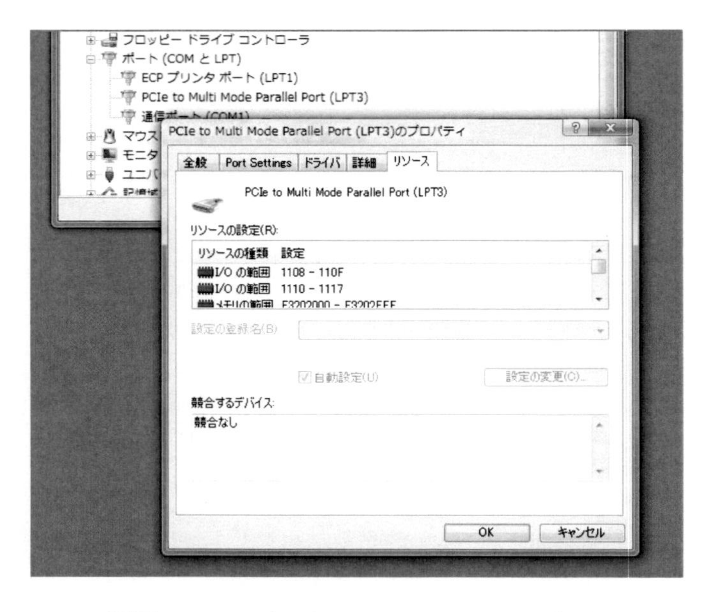

画面 4-2　PCI や PCI Express のパラレルポート

◎ Column ◎　Mach の動作要件

Mach のドキュメントでは、PC にビデオカードを装着することが求められています。これはツールの動く軌跡を示すツールパス表示が、3D で行われるためと思われます。3D のツールパス表示は視点の移動や拡大、縮小などができるので、これに 3D 機能を持った GPU を使うのでしょう。

3D アクセラレーターを持たない内蔵ビデオ機能では、この処理を CPU で行わなければなりません。筆者の場合、簡単な加工データでは、内蔵ビデオでも問題なく処理を行えましたが、複雑なツールパスの加工時にパワーが不足することがあるかもしれません。

ビデオカードを装着する場合、高度な 3D ゲームなどを実行するわけではないので、数千円の安価なもので問題ないでしょう（高性能なものは消費電力も増えるので、電源容量が不足する可能性があります）。また最近の CPU には GPU が内蔵されているものもあります。

ビデオカード以外にも要件があります。Mach はノート PC へのインストールを保証していません。しかしネット上では、ノート PC でも問題なく動作している事例が多く見られます。筆者の想像ですが、ビデオ能力の不足、内蔵パラレルポートがない場合に拡張が困難（USB は非サポート）、ノート PC 固有の電源管理が動作に影響することなどを問題にしているのではないかと思います。自動的にクロックダウンして節電するといった機能のために、デバイスドライバレベルで動作している Mach が正常に動作しなくなるかもしれません。

4-3　Mach のセットアップ

Mach は汎用的に作られており、フライス盤だけでなく旋盤やプラズマカッターなどの制御もサポートしています。しかし Mach の用途はこれらに限定されるわけではなく、ユーザーインターフェイス画面などのカスタマイズも行えるため、ほかの種類の機器を制御したり、既存の制御体系を拡張することもできます。

本書の執筆時点（2015 年後半）では、Mach のバージョン 3（Mach 3）が広く使われています。新しいバージョン 4（Mach 4）もリリースされていますが、まだネット上では情報が少ないという状況です。今後は、Mach 4 に移行していくと思われるので、ここでは 3 と 4 の両方について解説します。

4-3-1　Mach の入手

Mach は Newfangled Solutions 社が提供する有償アプリケーションで、以下の URL でソフトウェアのダウンロード、ライセンスの購入を行うことができます。

● Mach のダウンロード先 URL：

`http://www.machsupport.com/`

まずこのサイトから Mach のインストーラをダウンロードし、それを目的の PC 上で実行し、インストールします。この段階では、Mach はデモモードで動作します。デモモードでは G-code プログラムの行数の制限などがありますが、一通りの機能を試すことができます。

ライセンスを購入すると、メールでライセンスファイルが送られてきます。このファイルを適切にインストールすると、Mach はデモモードから正規使用状態に切り替わり、制限なく使えるようになります。

ライセンスにはホビーユーザー向けのものと、業務用、再販製品用のものがあります。再販製品用は、工作機械のメーカーや改造業者が工作機械と共に販売するためのもの、業務用は工場などで業務使用するためのもの、ホビーユーザー用は非営利利用のためのものです。詳しくはサイトの使用条件を見てください。

◎ Column ◎　日本国内での扱い

Newfangled Solutions のサイトはすべて英語で、Mach の画面やドキュメントもすべて英語です。英語が苦手な人は、国内で購入代行している業者から入手するという方法もあります。例えば CNC フライス盤や各種パーツなどを扱っているオリジナルマインドという会社では、Mach や CAM ソフト類（第 7 章で紹介している Cut2D など）の購入代行業務を行っており、この会社との（日本語での）取引で、ライセンスの入手などを行えます。また日本語によるセットアップや使い方の解説などもあるようです。

●オリジナルマインド社の URL
http://www.originalmind.co.jp/

4-3-2　セットアップの流れ

Mach 3、Mach 4 のセットアップは、おおよそ次のような流れになります。

1. Mach ソフトウェアとドライバのインストール
2. 基本単位の設定（Mach のデフォルトはインチなので、ミリメートルに設定する）
3. モーターやスイッチの接続の設定
4. モーターの動作設定
5. Mach の各種設定

これに加えてライセンスの登録がありますが、デモモードでの試用についてはライセンスは不要なので、一通り試し、問題がなければライセンスを購入して登録という形になるでしょう。

本章では、インストールとモーター類のセットアップについては、Mach 3 と 4 について別々に解説していますが、共通する事柄については、おもに Mach 3 のところで解説しています。

4-3-3　Mach 3 と Mach 4 の共存

Mach 3 から Mach 4 に移行する、あるいは両方を評価したいという場合もあるでしょう。筆者の環境では、2 種類のバージョンを 1 台の PC にインストールしても問題はありませんでした。Mach 3 がインストールされている状態で Mach 4 をインストールすると、Mach 3 と Mach 4 の両方が共存します。Mach 3 が Mach 4 にアップグレードされることはありませんし、ドライバや設定情報が干渉して動作に問題が出るということもないようです。

◎ Column ◎　ユーザーの権限

Mach のインストール、テストプログラム、Mach 本体の実行は、管理者権限で行う必要があります。使用する Windows のバージョン、ユーザーの権限などに応じて、管理者として実行するなどの指定や設定が必要になります。

4-4　Mach 3 のセットアップ

本書の執筆時点ではまだ Mach 3 が主流のようです。まずは Mach 3 のインストールとセットアップについて解説しましょう。手元にある 32 ビット版 Windows の都合で、ここでは Windows Vista にインストールしています。

4-4-1　インストール

先に示した Newfangled Solutions 社のサイトから、Mach3VersionX.XXX.XXX.exe（XXX はバージョン番号）というファイルをダウンロードし、これを管理者権限で実行します。

インストーラの実行中には、使用許諾やインストールするフォルダ、インストールするモジュールの選択、プロファイルの作成など、いくつかの画面が表示されます。

■モジュールの選択

インストーラの中で、インストールするモジュールの選択画面があります。これには以下のものがあります（画面 4-3）。

●Parallel Port Driver

パラレルポートを利用するのであれば、これをチェックしておきます。

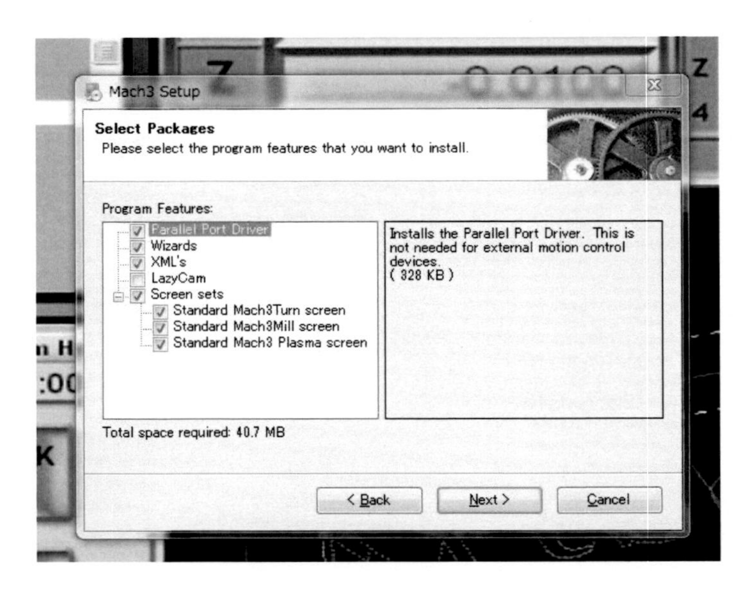

画面 4-3　モジュールの選択

●Wizards

G-code プログラムの作成を支援するツールで、本書では触れません。CAM ソフトで生成した G-code を使うのであれば、特に必要はありません。

●XML's

Mach 3 では、プロファイルデータ（後述）は XML という言語で記述されています。この項目は初期プロファイルデータをインストールするという指定なので、チェックしておきます。

●LazyCam

簡単な対話型 CAM ソフト（試用版）です。インストールしてもしなくても構いません。

●Screen sets

操作画面の設定ファイルです。Turn は旋盤、Mill はフライス盤、Plasma はプラズマカッターのためのものです。本書では Mill を使用します。

■プロファイルの作成

プロファイルというのは Mach の設定セットで、基本構成、各種パラメータ、操作画面の指定などを含んでいます。Mach 3 をインストールすると、デフォルトで［Mach3Mill］、［Mach3Turn］、［Mach3Plasma］という 3 つのプロファイルが作成されます。それぞれフライス盤、旋盤、プラズマカッターを CNC 制御するためのものです。Mach 3 プログラムを起動すると、プロファイルを読み込んで自身の設定を行い、工作機械を制御します。

プロファイルはユーザーが独自に用意することもできます。インストール時に作成することもできますし、後から作成することもできます。いずれの場合も、ベースとなる既存のプロファイルをコピーし、別の名前を付けるという形で作成します。フライス盤のプロファイルなら、[Mach3Mill] をベースにして、独自のプロファイルを作成することになります。

標準で用意されるプロファイルを使ってもいいのですが、再インストールやアップグレードなどで上書きされてしまうので、実際に使用する場合は、独自のプロファイルを作成し、それを使うようにします。

各種の初期設定値、登録データなどは、プロファイル中に保存されます。もし異なる設定を併用したいのであれば、個別にプロファイルを作成するとよいでしょう。

プロファイルの作成画面で [MillProfile] ボタンをクリックすると、オリジナルと同じ内容で別の名前のプロファイルを作成できます（**画面 4-4**）。また、このプロファイルで Mach 3 を起動するショートカットも作成されます。

画面 4-4　プロファイルの作成

インストール時に作成したプロファイルは、デスクトップにショートカットが作成されます。それをダブルクリックすると、そのプロファイルで Mach 3 が起動します。デスクトップの [Mach3 Loader] やスタートメニューの下の [Mach3] を起動すると、既存のプロファイルの中から実行するものを選択できます（**画面 4-5**）。また新たなプロファイルの作成や削除も、この画面から行います。

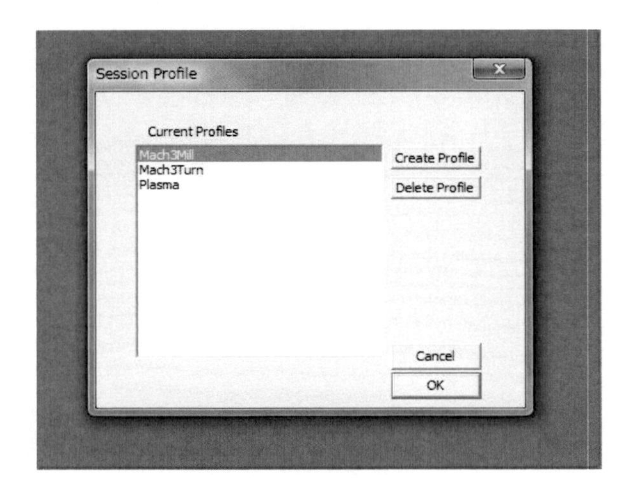

画面 4-5　Mach3Loader

■パラレルポートドライバ

パラレルポートドライバのインストールを選択した場合、Mach 3 本体のインストールが終わると、ドライバのインストールが始まります。インストール中に DriverTest.exe というプログラムが起動され、その際にデバイスドライバがインストールされます。システムによってはセキュリティ警告が表示されるので、インストールを選択します（**画面 4-6** は Windows Vista の例）。

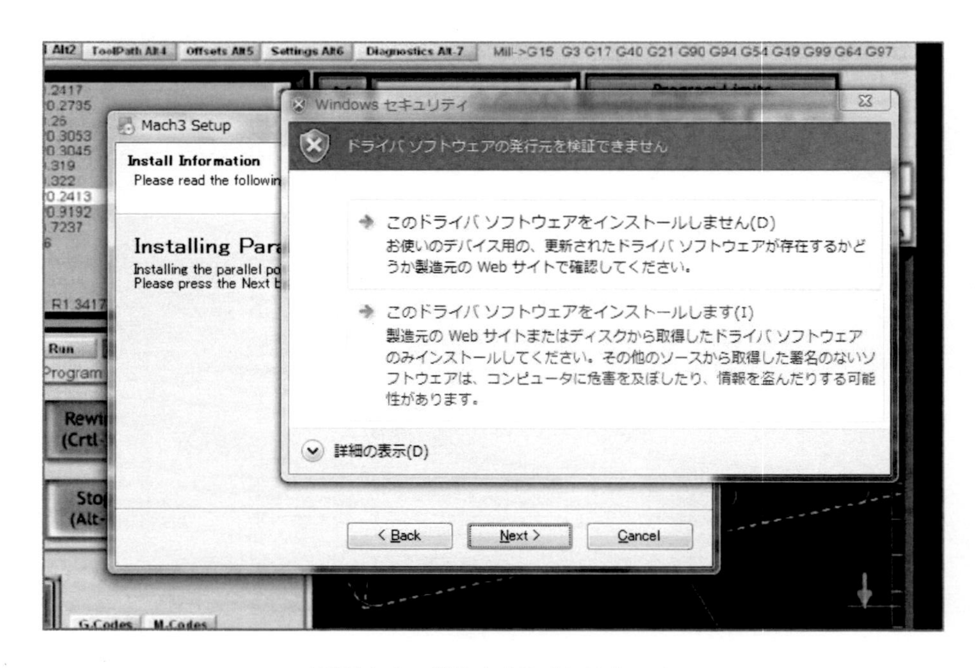

画面 4-6　ドライバのインストール

Windows Vista で使う場合は、レジストリにパッチを当てなければなりません。これは Mach 3 のダウンロードページから入手できます。memoryoverride.zip というファイルをダウンロードし、その中の memoryoverride.reg というファイルを実行すると、レジストリの書き換えが行われます。

ドライバをインストールした後、Mach 3 を初めて起動する前に、必ずシステムを再起動しなければなりません。これを行わないとデバイスドライバがうまくセットアップされず、回復にも多少手間がかかるようです（インストールドキュメントに手順が記されています）。

デバイスドライバが正常にインストールされると、デバイスマネージャ中にパラレルポートとは別に、Mach のドライバが表示されます（**画面 4-7** には、Mach 3 のドライバと Mach 4 のドライバの両方が表示されています）。

画面 4-7 Mach のドライバ

■ポートの動作確認

パラレルポートを使う場合は、Mach 3 をインストールしたフォルダにある DriverTest.exe というツールを使って、パラレルポートドライバが正常に動作していることを確認します。このツールは、指定した動作クロック（後述）で適切にタイミング制御できるかどうかを確認するものです。また初めて実行した時に、パラレルポートドライバが組み込まれます。

このプログラムを起動すると、自動的に数分間かけてドライバの機能（タイマー割込みの精度を調べているようです）を確認し、問題なければ最後に［Mach1 test complete.］と表示され、終了します（**画面 4-8**）。

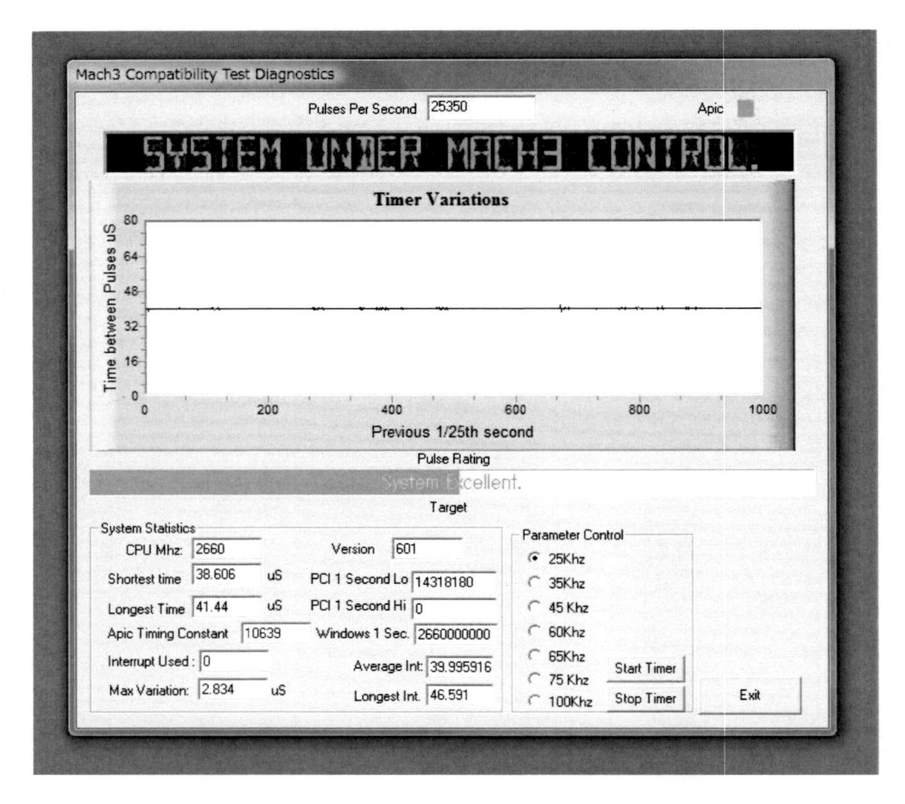

画面 4-8　ドライバのテスト

4-4-2　基本単位

G-code による加工の指示は、単位としてミリメートルかインチを使うことができます。Mach はアメリカのソフトなので、初期設定がインチになっています。これをまずミリメートルに変更しなければなりません。ほかの設定は後でやればよいのですが、基本単位だけは、次に行うモーターの設定に関係するので、最初に指定しなければなりません。

基本単位は［Config］－［Select Native Units］で表示されるダイアログ中で、［MM's］を選択します（**画面 4-9**）。この設定変更を有効にするには、Mach を再起動する必要があります。

4-4-3　軸の基本設定

使用する軸の基本設定を行います。Mach は工作機械の制御軸として、直線軸と回転軸を想定しています。直線軸は、フライス盤のテーブルや主軸ヘッドのように直線移動する要素で、動作量は長さ（ミリメートル）で示されます。回転軸は、テーブルを傾けたり材料を咥えたチャックを回転させための軸で、動作量は度で示されます。この設定は材料の移動などに関するもので、フライス盤

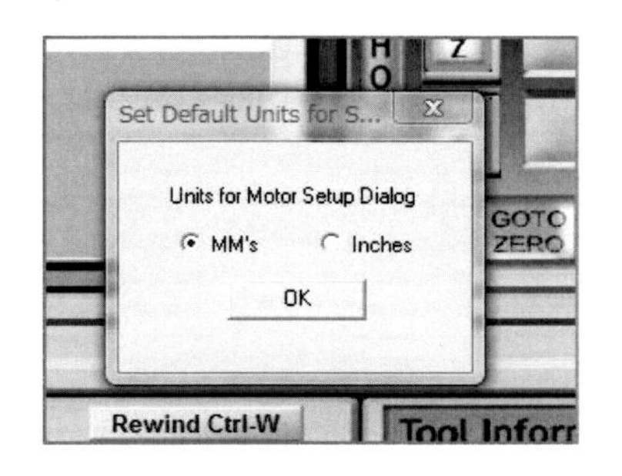

画面 4-9　基本単位の設定

や旋盤の主軸の制御は含まれません。

実際の使用では、フライス盤の X、Y、Z 軸は直線軸となります。A 軸、B 軸、C 軸の拡張を行い、テーブルの傾斜やロータリーテーブル（指定した角度に回転させられるテーブル）を備えている場合は、それらは回転軸になります。

この設定は［Config］－［General Config...］で表示される［General Logic Configuration］ダイアログで行います（**画面 4-10**）。

X、Y、Z に加えて A、B、C 軸を使い、それが回転軸である場合、つまり動作を角度で指定する場合、該当するチェックボックスをオンにします（X、Y、Z は直線軸のみで、設定項目はありません）。X、Y、Z 軸しか使っていない場合は、この設定は関係ありません。

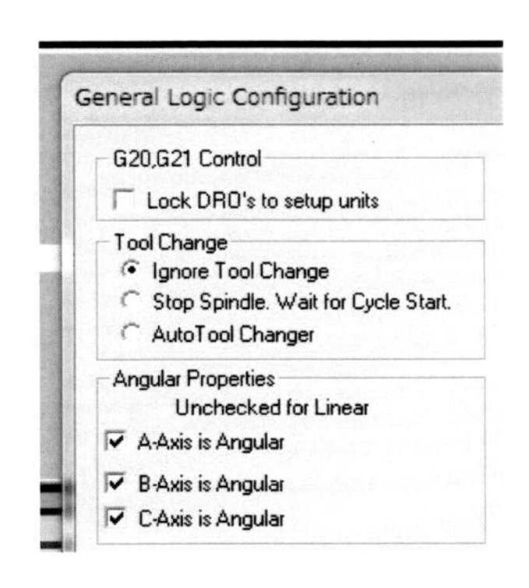

画面 4-10　A、B、C 軸の設定

4-4-4　パラレルポートの設定

パラレルポートはもともとプリンタを接続するためのインターフェイスで、プリンタにデータを送る 8 ビットのデータ信号線と、プリンタとのやり取りのための各種信号線から構成されています。その後仕様が拡張されて、出力だけでなく双方向通信に対応しました。そのためパラレルポートにはいくつかの動作モードがあります。これは BIOS 設定やデバイスドライバの設定画面などで指定しますが、Mach を使う場合は EPP モードか ECP モードにしておけば問題ありません。

パラレルポートで工作機械を制御する時は、ポートのアドレスと、ポートの各信号線にどのような機能を割り当てるかを指定しなければなりません。

■ポートのアドレスと動作クロック

Mach からパラレルポートを使うためには、まずポートのアドレスを登録する必要があります。前に説明したようにポートのアドレスは、デバイスマネージャを使って調べることができます。

［Config］－［Ports and Pins］で表示される［Engine Configuration... Ports & Pins］ダイアログの［Port Setup and Axis Selection］タブの左側で、パラレルポート関連の基本設定を行います（**画面 4-11**）。Mach 3 では 2 ポートのパラレルポート（Port #1 と Port #2）を使うことができます。1 ポートしか使わない場合は、#1 を使用します（Mach 内でのポート番号指定は、Windows が管理するポート名 LPT1 などとは別のものです）。

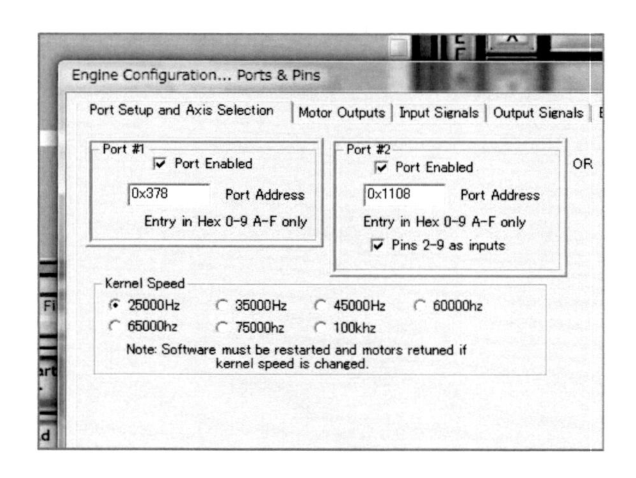

画面 4-11　パラレルポートの設定

● ［Port Enabled］

使用するポートについて、このチェックボックスをチェックします。

● ［Port Address］

デバイスマネージャで調べたポートアドレスを入力します。オンボードポートの場合は 0x378 か 0x278、PCI カードの場合はこれとは異なるアドレスになります。先頭の 0x は 16 進数であることを表しています。

● ［Pins 2-9 as inputs］

#2 ポートは、このチェックボックスにより、パラレルポートのデータ用信号 8 本を入力として使うことができます（#1 では、これらの信号は常に出力として使われます）。ポート#1 だけではスイッチ入力のためのピンが不足することが多いので、これはありがたい機能です。

● ［Kernel Speed］

パラレルポートで制御信号を扱う際のタイミングを決める基本クロック周波数を設定します。この周波数が高いほど、モーターを駆動するステップ信号の最高周波数を高くすることができ、またタイミング精度が高まります。ただし周波数を高めるためには、より処理能力の高い CPU が必要になります。ミニフライス盤をステッピングモーターで動かすという用途では、25000Hz で特に問題なく使用できます。

デモモード（ライセンス未登録）の場合は、25000Hz しか選択できません。

これらのパラメータの登録、変更は、Mach を再起動するまで有効になりません。

■モーター用の信号割り当て

テーブルや主軸ヘッドを動かすためのモーターには、回転方向を示す方向信号（Dir）と一定角度の回転を指示するステップ信号（Step）を送ります。［Engine Configuration... Ports & Pins］ダイアログの［Motor Outputs］タブで、パラレルポートのピンとモーターの制御信号の割り当てを指定します（画面 4-12）。

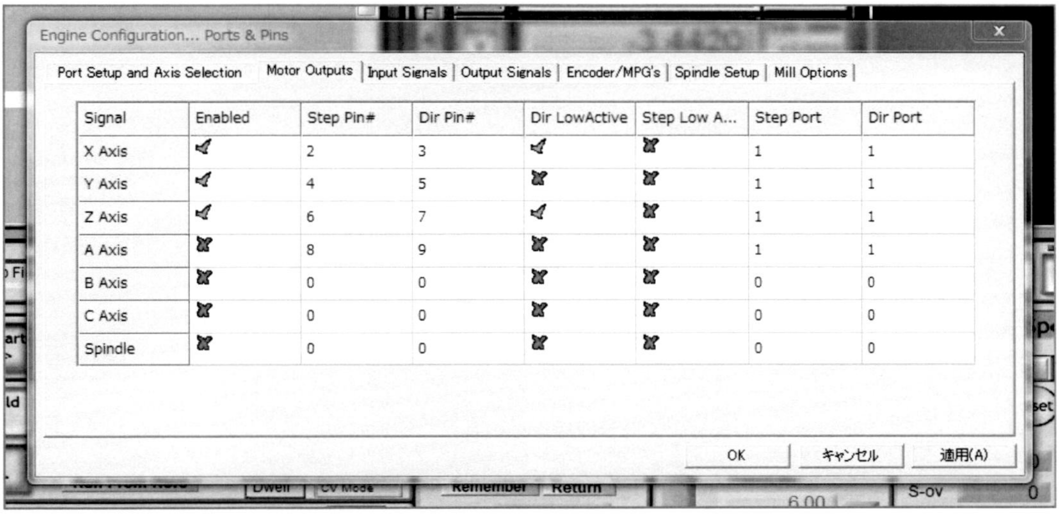

Engine Configuration... Ports & Pins

Port Setup and Axis Selection | Motor Outputs | Input Signals | Output Signals | Encoder/MPG's | Spindle Setup | Mill Options

Signal	Enabled	Step Pin#	Dir Pin#	Dir LowActive	Step Low A...	Step Port	Dir Port
X Axis	✓	2	3	✓	✗	1	1
Y Axis	✓	4	5	✗	✗	1	1
Z Axis	✓	6	7	✓	✗	1	1
A Axis	✗	8	9	✗	✗	1	1
B Axis	✗	0	0	✗	✗	0	0
C Axis	✗	0	0	✗	✗	0	0
Spindle	✗	0	0	✗	✗	0	0

OK　キャンセル　適用(A)

画面 4-12　モーター用信号の割り当て

このタブでは、X、Y、Z、A、B、C の 6 軸と主軸（Spindle）の設定を行えますが、ここでは X、Y、Z の 3 軸のみ使用します。

通常の構成では、モーター用の信号は、パラレルポート#1 のデータ信号線（2 から 9）を使います。

各軸について、**表 4-1** のパラメータを設定します。

パラメータ	機能
[Enable]	この軸を使用する場合にチェック
[Step Pin#]	ステップ信号に割り当てるポートのピン番号
[Dir Pin#]	方向信号に割り当てるポートのピン番号
[Dir LowActive]	方向信号を反転する
[Step LowActive]	ステップ信号を反転する
[Step Port]	ステップ信号が使用するポート
[Dir Port]	方向信号が使用するポート

表 4-1　パラレルポートのパラメータ

使用するポートは 1 か 2 で指定します。各信号のピン番号は、使用するインターフェイス回路や実際の配線に従って指定します。

LowActive は、ロジック信号の反転を指定します（**図 4-3**）。

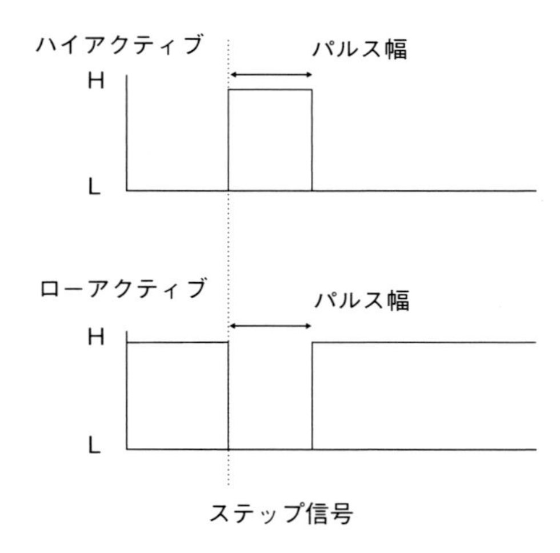

図 4-3　信号のローレベルとハイレベル

[Dir LowActive] はモーターの回転方向を反転させます。モーターの回転方向と座標の増減の関係は、モーターの取り付け方法や位置、あるいは配線の接続によって変わってきます。そのため、Mach の意図する座標値の増減と実際のモーターの回転方向を一致させるために、必要に応じて [Dir

LowActive］をチェックします。

［Step LowActive］は、ステップ信号の波形を反転させます。標準ではＬ期間が長く、Ｈ期間が短いパルス信号を出力しますが、これをチェックするとそれが反転します。使用するモータードライバがどちらの形式の信号を要求するかに応じて、適切に設定します。どちらでも構わないドライバもあります。

4-4-5 モーターの設定

ポートにモーター制御用の信号を適切に割り当てたら、次にモーターの動作パラメータを設定します。具体的には、モーターのステップ数、最高回転速度、起動/停止時の加速度を指定します。これは［Config］－［Motor Tuning］で表示される［Motor Turning and Setup］ダイアログで設定します（画面 4-13）。

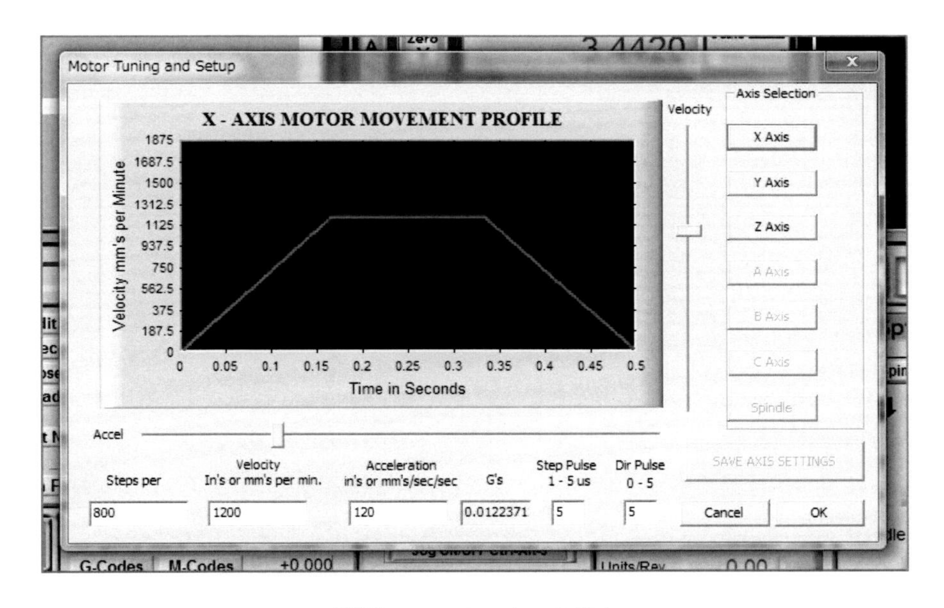

画面 4-13　モーターの設定

まず、右上にある軸名のボタンをクリックします。その軸の現在の設定がグラフと下のパラメータ部に表示されるので、これを適切に設定します。

［Step Pulse 1 - 5us］と［Dir Pulse 0 - 5］は、出力する信号のタイミング（パルス幅）です。使用するドライバやインターフェイスに指示がある場合はそれに従います。ケーブルが長い場合などは、パルス幅が狭いと正常に動作しない場合があるかもしれません。特に指定がない場合は、5 にしておけばいいでしょう。動作クロックを高めている場合は、少し小さくしないと問題が起こる可

能性もあります。例えば 100kHz にした場合、基本サイクルは 10 マイクロ秒になるので、パルス幅が 5 マイクロ秒だと長すぎるかもしれません。

上側のグラフは加速、最高速、減速の速度変化を示すもので、パラメータを変更するとその値に応じて表示が変化します。

左下の［Steps per］は、単位距離を動かすために、ステップ信号（駆動パルス）をいくつ送るかを示します。例えば基本単位の設定がミリメートルで、リード 2mm の送りネジを減速せずにモーターで駆動し、1600 ステップでモーターが 1 回転する場合を考えてみましょう。リード 2mm なので、モーター軸が半回転で 1mm 進みます。1 回転が 1600 ステップなので、この場合の［Steps per］は 800 となります。

［Velocity In's or mm's per min.］は、最高速を分速で示します。1 分間に最高 1200mm 動かせるなら、1200 となります。この数値が大きいほど、テーブル類を速く動かすことができます。

［Acceleration in's or mm's/sec/sec］で加減速の際の加速度を、mm/s^2 単位で指定します。［G's］にはその値が G（重力加速度、9.8m/s^2）で示されます。加速度が大きいほど、最終速度に到達する時間が短くなります。

最高速度と加速度は、数値だけでなく、上下のスライダー（最高速度）、左右のスライダー（加速度）でも設定できます。

最高速度と加速度は、モーターの出力特性やテーブル類の重さ、駆動抵抗などの影響を受けます。ステッピングモーターは、回転が追従できるステップパルス周波数の上限があり、また回転速度によって出力トルクが変わってきます。重いテーブルや主軸ヘッドを動かすのですから、実際にどれだけの速度や加速度が得られるかは、実験してみないとわかりません（そもそもモーター出力が足りないという場合もあります）。能力を超える速度や加速度で動かそうとすると、ステッピングモーターが脱調してしまい、正確な動作ができなくなります。

これらの数値を適当に設定し、上か下のカーソルキーを押すと、そのパラメータでモーターが回転します（あらかじめ操作画面の［Reset］ボタンを押して稼働状態にしておく必要があります）。明らかな脱調は音でわかります。正常時のピーという感じの音が、ビビビやガガガという感じになったら、脱調しています。最高速度を上げてわざと脱調させることで、この音を確認できます（ステッピングモーターは、多少脱調させても壊れません）。

加速時の脱調は短時間なためわかりにくく、厳密に調べるには測定具を使い、移動コマンドを与えて実際の移動量を測らなければなりません。現実的には、動かしてみて起動時に違和感のある音がなければ問題なしとしてもいいでしょう。

実際に使うためのパラメータは、脱調しないぎりぎりではなく、余裕を持っておくべきです。ぎりぎりの状態だと、わずかに負荷が加わっただけで脱調してしまいます。特に加速度は、切削時でも同じパラメータが使われるので、無負荷では問題なくても、切削時には脱調するかもしれません。テーブルをロックするネジを軽く締めて動きを重くするなどして確かめたほうがいいでしょう。

パラメータを設定/変更したら、［SAVE AXIS SETTINGS］ボタンをクリックし、パラメータを保存します。［OK］ボタンでは保存されないので注意してください。

この設定を使用する各軸について行います。

4-4-6 バックラッシュの設定

第2章で、ネジや駆動系の遊び（ガタ）を、モーターの回転量で補正する方法を紹介しました。これは［Config］－［Backlash］で設定できます（**画面 4-14**）。この機能を使う場合は下の［Backlash Enabled］をチェックし、そして各軸について、移動方向が変わる際に余計に移動させる距離、つまりバックラッシュの大きさをミリメートル単位で指定します。

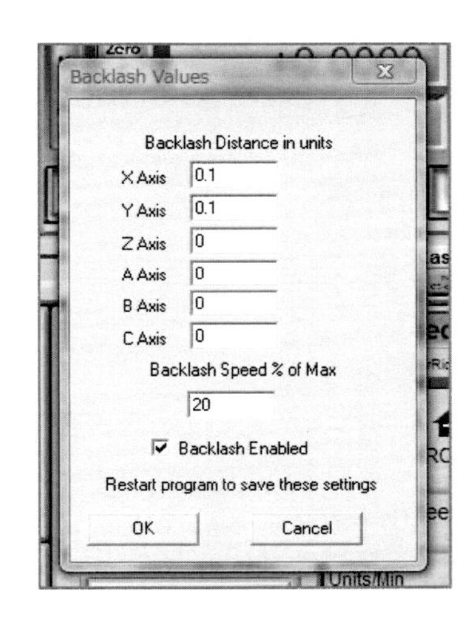

画面 4-14 バックラッシュの設定

4-4-7 その他の外部出力

クーラントやミストのオン/オフなどを、出力ポートを使って制御できます（制御内容によっては、マクロの作成が必要になります）。これは［Engine Configuration... Ports & Pins］ダイアログの［Output Signals］タブで指定します（**画面 4-15**）。

使用する機能について［Enabled］をチェックし、ポートとピンの番号を指定します。［Active Low］は、信号出力がオンの時にLレベルになるという意味です。

Mach による出力ポートの制御は、パラレルポート（そして接続されているインターフェイス）にデジタル信号を送るだけです。実際にモーターなどを操作するためには、AC 電源を制御するパワー制御やリレー回路を用意し、適切に配線する必要があります。本書では、外部出力による制御については説明していません。

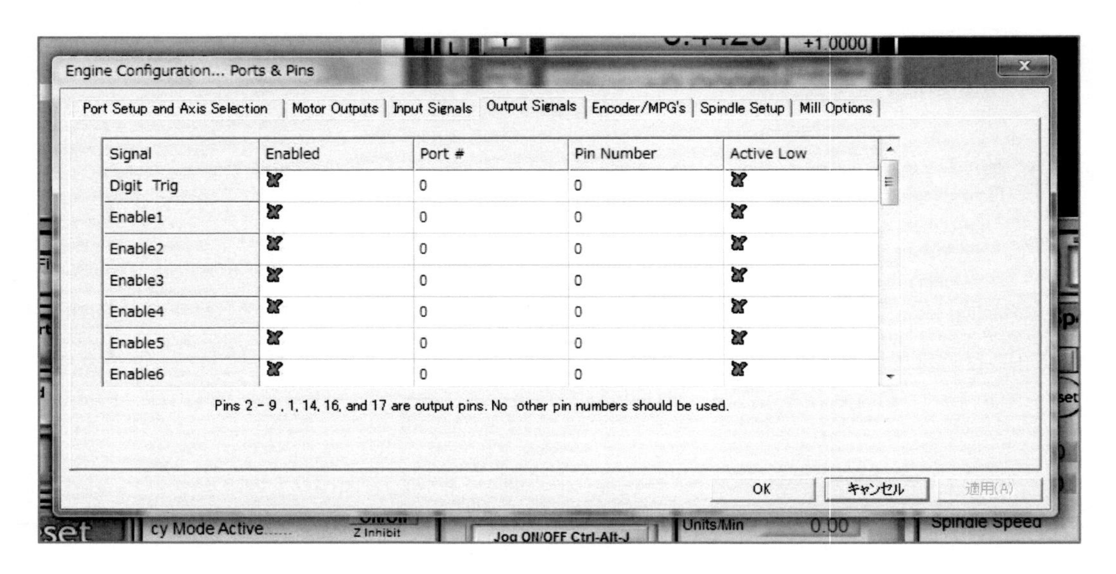

画面 4-15　外部出力の設定

◎ Column ◎　　Mach のマクロ

Mach は、マクロを使うことでユーザーが機能を拡張できます。G-code の M コードを実行すると、VBScript で記述されたプログラムが起動されます。この VBScript プログラムからは、Mach が持つ機能を呼び出すことができるので、ユーザーが独自の機能を実装できます。例えば出力ポートを使って何かを制御したり、ツール交換機能を実現するといったことは、マクロを使って実現します。

マクロの詳細については、Mach のドキュメントを参照してください。

4-4-8　スイッチ類の設定とキーの割り当て

テーブルの動作範囲を検出するリミットスイッチなどを備えている場合は、これらの信号の接続と設定も必要です。Mach では緊急停止スイッチ、テーブルやヘッドが端まで移動したことを検知するリミットスイッチなどをサポートしています。また手元コントローラを接続し、手動操作することもできます。これらのスイッチを利用する場合、コントローラやスイッチ類を入力ポートに接続し、機能を定義しなければなりません。

入力信号に対するポートのピンの割り当ては、［Engine Configuration... Ports & Pins］ダイアログの［Input Signals］タブで指定します（画面 4-16）。

使用する機能について［Enabled］をチェックし、ポートとピンの番号を指定します。［Active Low］は、入力信号が L レベルの時にその信号がオンになるという意味です。

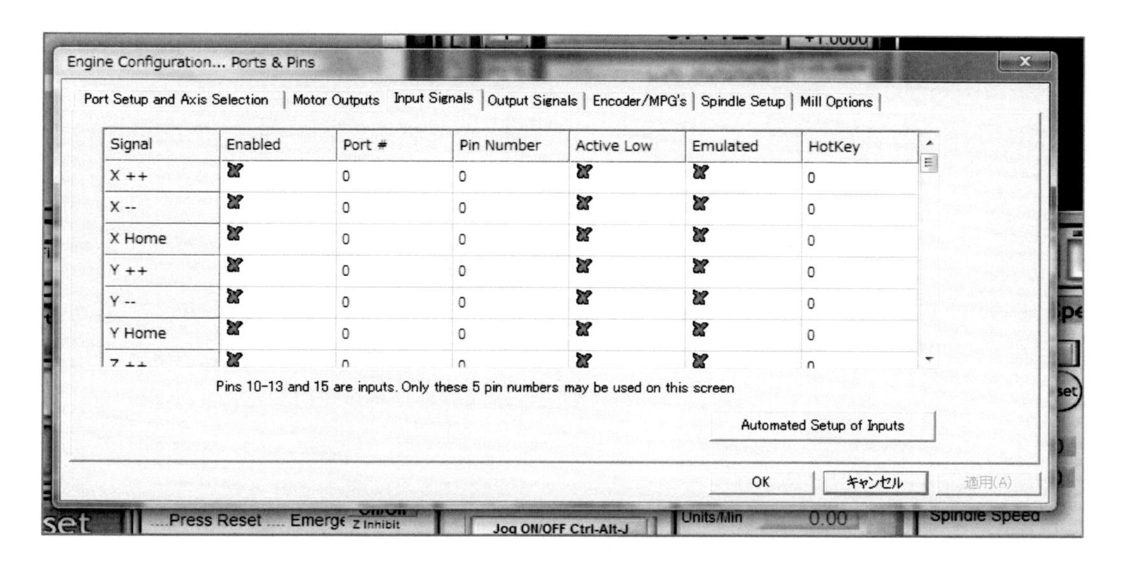

画面 4-16　外部入力の設定

代表的な外部入力としては、次のような信号があります。

●緊急停止信号

緊急停止ボタンからの信号で、EStop という名称です。デフォルトでイネーブルになっていますが、スイッチが接続されていない場合は、ピン番号を 0 にし、無効にしておきます。これが適当なピンに割り当てられ、信号入力がオンになっていると、画面で［Reset］をクリックしても操作可能状態になりません。

●リミット信号

テーブルや主軸ヘッドが動作限界位置に達したことを示す信号です。X++/X--、Y++/Y--、Z++/Z--という名称です。

●ホームポジション信号

材料をセットしたり、工具を交換する位置です。X/Y/Z Home という名称です。

●ジョグコントローラ

回転つまみやボタンなどでテーブル類の移動を行います。Jog X/Y/Z/++/--という名称です。

［Emulated］をチェックすると、ポートからの入力信号ではなく、キー入力が信号入力として扱われます。［Hotkey］を選択し、そこで何かキーを押すと、そのキーが入力信号に対するホットキーとして定義されます。そして Mach の動作中にそのホットキーを押すと、その信号が入力されたものとして Mach が動作します。

本来スイッチから得る信号にホットキーを割り当てれば、機器の動作実験などを安全に行うことができます。ただしこの状態では、外部からの信号は無視されるので注意してください。

ジョグなどの操作要素については、［Config］－［System Hotkeys］で割り当てることができます。

4-4-9　ライセンスの登録

Mach 3 は、インストール後はデモモードで動作します。これは実行可能な G-code の行数が 500 行に制限され、またいくつかの設定や操作ができなくなっています。ライセンスを購入してライセンスファイルをインストールすれば、これらの制限が解除され、正規使用状態になります。

ライセンスは Newfangled Solution のサイトでクレジットカードや PayPal で購入できます。ライセンスの購入時には、使用者の連絡先情報とは別に、Mach の画面に表示される使用ユーザーの名前（あるいは会社名など）が求められます（**画面 4-17**）。この情報（英数字）はライセンスファイルに収められ、Mach 3 のウィンドウ上部に表示されます。

Information for Products Using License Names

Important Note: Please select the text that will be used to create the license. The text must be no longer than 45 Alpha-Numeric characters including spaces. This text will appear in the program in the "Registered To" field. A unique four character code will be automatically added to the end of the text you supply.

Example Text Entered: William Smith
Example of Registered To: William Smith AB3Y

Mach3 - License - Please enter (Registered To:) Name

Masanori Sakaki

Enter your text for the license code.

画面 4-17　ライセンス購入画面

購入手続きが完了すると、メールでライセンスファイルが送られてきます。添付された ZIP ファイルの中には Mach1Lic.dat というファイルがあるので、これを Mach 3 がインストールされたフォルダ（デフォルトでは C:\Mach3）にコピーします。これでライセンス手続きは完了で、以後、Mach 3 はライセンス認証された状態で起動します（**画面 4-18、画面 4-19**）。

業務用ライセンスでは、PC 1 台ごとに個別のライセンスが必要になりますが、アマチュア（非営利）ユーザーの場合は、1 つのライセンスで任意の数の PC で Mach を利用できます（Mach 3 と Mach 4 ではライセンス条件が変わっているので注意してください）。

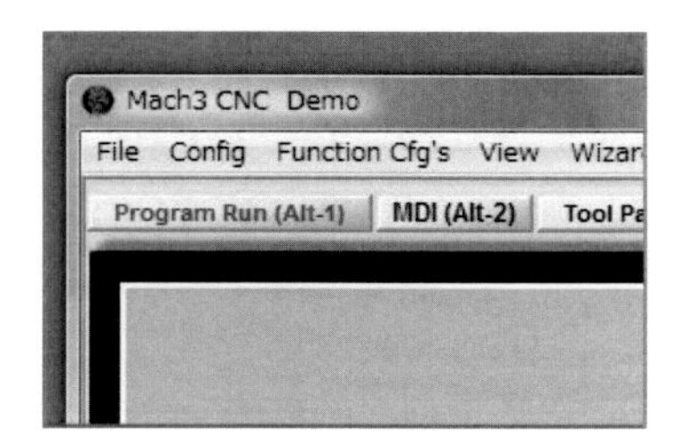

画面 4-18　デモモードの画面

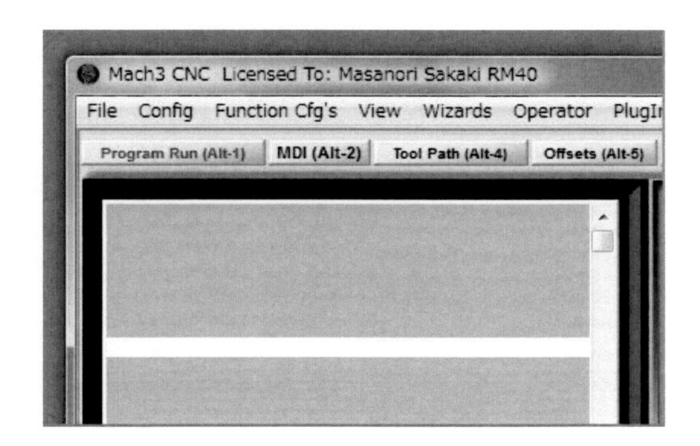

画面 4-19　ライセンス認証済の画面

4-5　Mach 4 のセットアップ

Mach 4 は Mach 3 と比べると見た目もかなり変わり、Windows 8 以降のフラットなデザインになりました。メニュー構成などもかなり変わっています。開発元によると、Mach 4 は Mach 3 を全面的に見直し、ほとんど新規に作り直したものだそうです。ただしこのリニューアルにより、Mach 3 までのドライバやプラグインとは互換性がなくなりました。そのため周辺ソフトウェア類が Mach 4 に対応するまで、当分の間、Mach 3 も並行して提供されることになっています。

またライセンスの形態が、個々の PC ごとにライセンスが必要な形に変わりました。

4-5-1　インストール

アマチュア向け、つまり非業務利用の Mach 4 は、Mach4Hobby という名前です。Mach4Hobby Installer-XXXX.exe（XXXX はバージョンやビルド番号）というインストーラをダウンロードし、管理者権限で実行することで Mach 4 がインストールされます（ほかの Mach 4 関連のソフトウェアも、管理者権限で実行します）。

Mach 4 ではパラレルポートドライバが独立したプラグインとなり、また関連ソフトも含まれていないので、インストール時に指定するのは使用許諾とインストール先のフォルダ名（デフォルトで

C:\Mach4Hobby）だけです。

パラレルポートドライバは Mach 4 のインストール後に、DarwinSetupXXXX.exe というインストーラを使って準備します。実行するとインストールするフォルダの指定が求められるので、Mach 4 をインストールしたフォルダを指定します。必要なファイルがコピーされた後、［Test Engine］というボタンが表示されます（**画面 4-20**）。このボタンをクリックすると、パラレルポートドライバの設定ダイアログを表示するプログラムが起動します。これを初めて実行した時にドライバのインストールが行われます。この時点ではドライバがインストールされればよいので、このプログラムを実際に操作する必要はありません。実際の設定作業は Mach 4 を起動して行います。

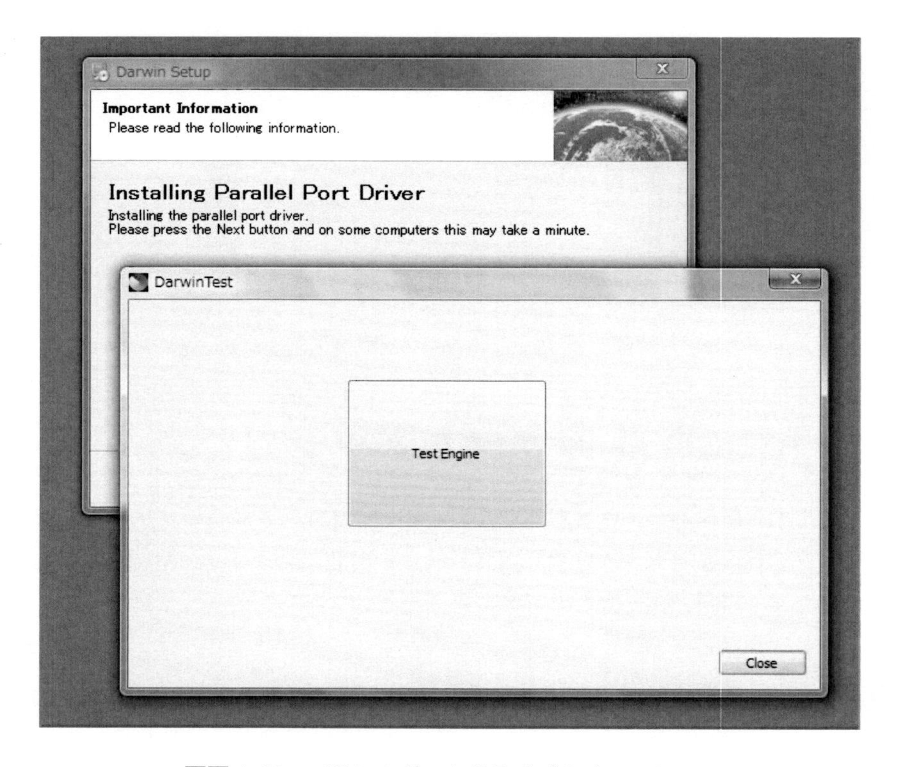

画面 4-20　パラレルポートドライバのインストール

筆者の環境では、パラレルポートドライバのセットアップで多少問題がありました。Mach 4 をデフォルトのフォルダ以外の場所にインストールしたところ、Mach の起動時にドライバのセットアップに失敗し、パラレルポートが使用できませんでした。デフォルトのフォルダ（C:\Mach4Hobby）にインストールすれば問題ないようです（筆者が使ったのは DarwinSetup2178.exe というバージョンです）。

ドライバのインストールが完了したら、Mach4Hobby フォルダの下の Plugins\DarwinDriver の中にある DarwinTest.exe というプログラムを実行してみます（ドライバのインストール時に起動しようとしたものです）（**画面 4-21**）。表示は異なりますが、これも Mach 3 のテストプログラムと同様に、タイマー割込みの精度を調べているようです。Mach 4 は動作クロック周波数が Mach 3 から変わっています。クロック周波数はこの画面で変更できます。また、このプログラムはパラレルポートの各種設定を行いますが、それらは Mach 4 の内部から行います。

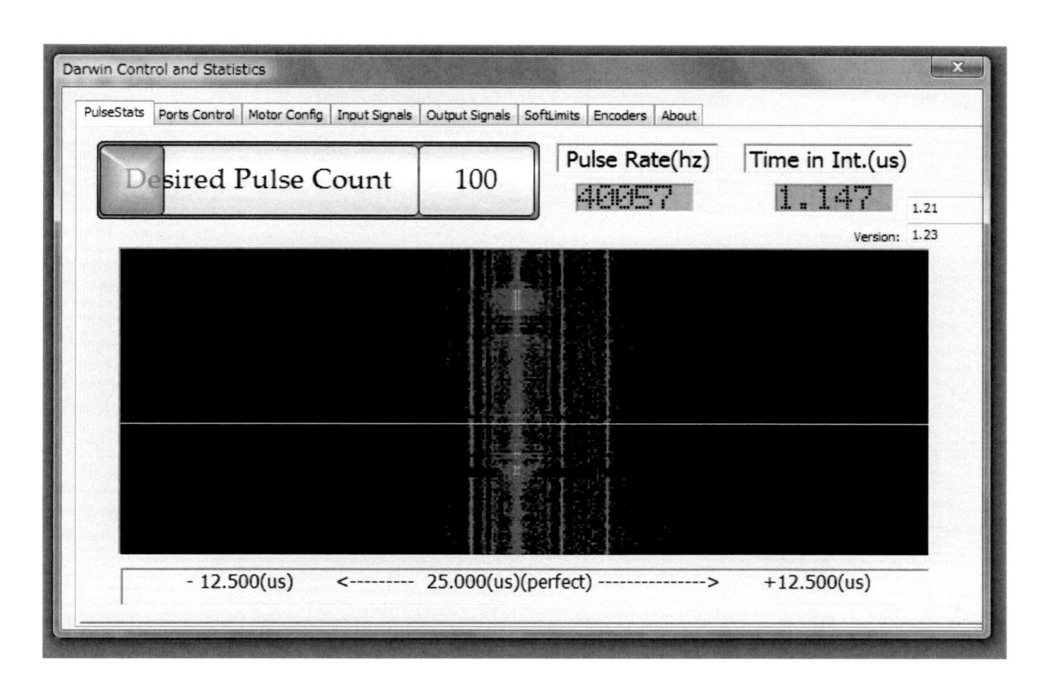

画面 4-21　ドライバのテスト

4-5-2　プロファイルの作成

Mach 4 をインストールすると、Mach4Mill というプロファイルが作成され、デスクトップにショートカットが作成されます。しかし Mach 3 の場合と異なり、インストール時にプロファイル作成のステップがないので、独自のプロファイルを作成する場合は、インストール後に行います。前にも説明したように、各種情報はプロファイルデータに保存されるので、何らかの設定を始める前にプロファイルを作成しておいたほうがよいでしょう。

デスクトップのショートカットかスタートメニューから、［Mach4Loader］を実行します（**画面 4-22**）。これで、表示されたプロファイルを選んで実行するか、プロファイルの作成や編集を行えます。

既存のプロファイルから新しいプロファイルを作成するには、元になるプロファイルを選んでから、［Copy Profile］をクリックします。拡張軸を持たないフライス盤なら、［Mach4Mill］を選択

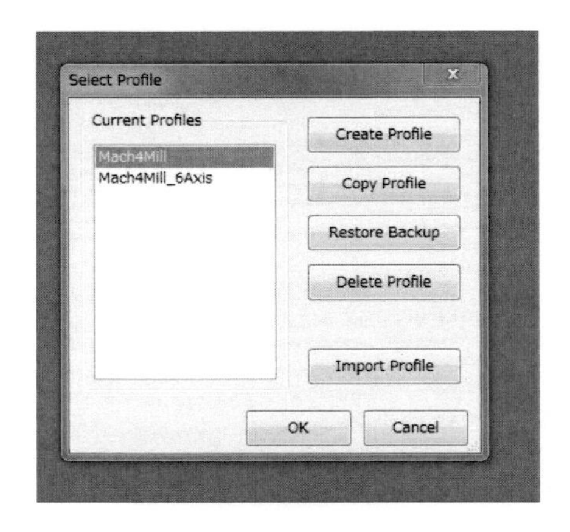

画面 4-22　プロファイルの選択

します。

コピーのダイアログが表示されるので、［Profile Name］に新しいプロファイル名を入れます（画面 4-23）。［Screen Set］は画面表示のためのファイルの選択で、［...］をクリックすると既存のファイル一覧が表示されるので、wxMach.set か wx4.set を選択します。

画面 4-23　プロファイルのコピー

最後に［OK］をクリックすれば、新しいプロファイルが作成されます。

この手順では、プロファイルは作成されますが、デスクトップのショートカットは作成されません。ショートカットを作成する場合は、リンク先として次のように指定します。

C:\Mach4Hobby\Mach4GUI.exe /p プロファイル名

また Mach 内部で設定を変更した後、問題が起こったら、この画面を使って以前の設定に復元することもできます。修復したい既存のプロファイルを選び、［Restore Backup］をクリックすると、過去のプロファイルのバックアップを選択できます。

4-5-3　基本単位の設定

Mach 3 の時と同様に、まずミリメートルかインチかという基本単位を設定します。これは［Configure］－［Mach...］で行います（画面 4-24）。［Mach Configuration］ダイアログの［General］タブの左上にある［Machine Setup Units］と［Units Mode］の項目で、［Metric］を選択します。基本単位の設定は、Mach を再起動すると有効になります。

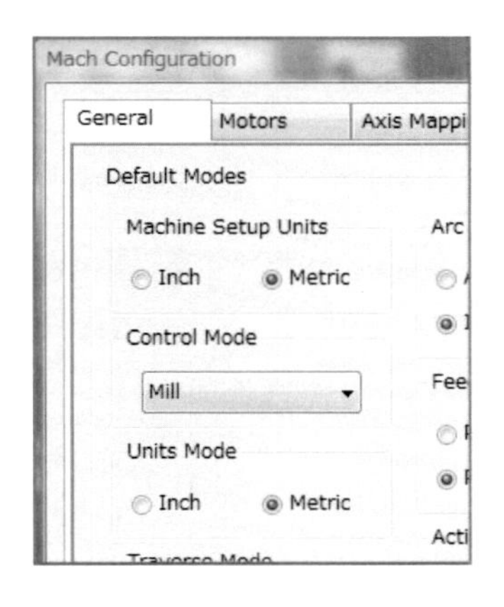

画面 4-24　単位の設定

4-5-4　パラレルポートの設定

パラレルポートドライバのインストール後に、［Configure］－［Select Motion Dev...］でダイアログを開き、使用するデバイスを選択します（画面 4-25）。パラレルポートドライバが適切にインストールされていれば、ここに［Parallel Port Device］が表示されるので、それをチェックし、［OK］か［Apply］をクリックします。

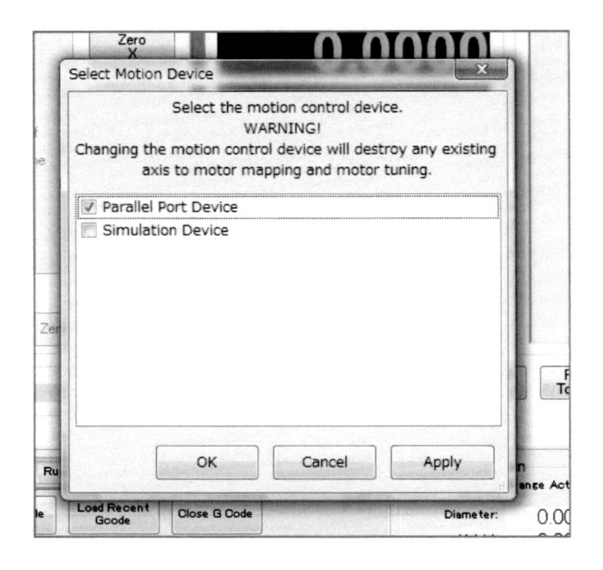

画面 4-25　モーションデバイスの選択

次に、ポートの詳細を設定します。Mach 4 ではパラレルポートドライバはプラグインの形で実装されるので、［Configure］－［Plugins...］で設定を行います（画面 4-26）。［Configure Plugins］ダイアログで［Darwin PP Driver］の行の［Enabled］をチェックし、［Configure］ボタンをクリックします。これでドライバのインストール時に使われた設定プログラムが起動します。

Configure Plugins

	Enabled	Description	Version	Config
1	✓	Core - Newfangled Solutions	4.2.0.2703	N/A
2	✓	Darwin PP Driver - ArtSoft Can.	Ver: 1.2472	Configure...
3	✓	Keyboard Inputs - Newfangled Solutions	4.2.0.2703	Configure...
4	✓	LUA - Newfangled Solutions	4.2.0.2703	N/A
5	✓	Modbus - Newfangled Solutions	4.2.0.2703	Configure...
6	✓	Regfile - Newfangled Solutions	4.2.0.2703	Configure...
7	✗	ShuttlePro - Newfangled Solutions	4.2.0.2703	Configure...
8	✓	Simulator - Newfangled Solutions	4.2.0.2703	Configure...

Add...　Remove　OK　Cancel

画面 4-26　ドライバプラグインの設定

このダイアログでは、ポートの診断だけでなく、パラレルポートの各種設定を行うことができます。

最初に［Ports Control］タブをクリックして、パラレルポートのアドレスなどを登録します（**画面 4-27**）。上部のドロップダウンで使用するポート（Port #1 から#4）を選び、［Enable this port］をチェックし、［Port Address in Hex］にポートのアドレスを入力します。データピン（2 から 9）を入力として使う場合は、［Pins 2-9 used as Input］をチェックします。

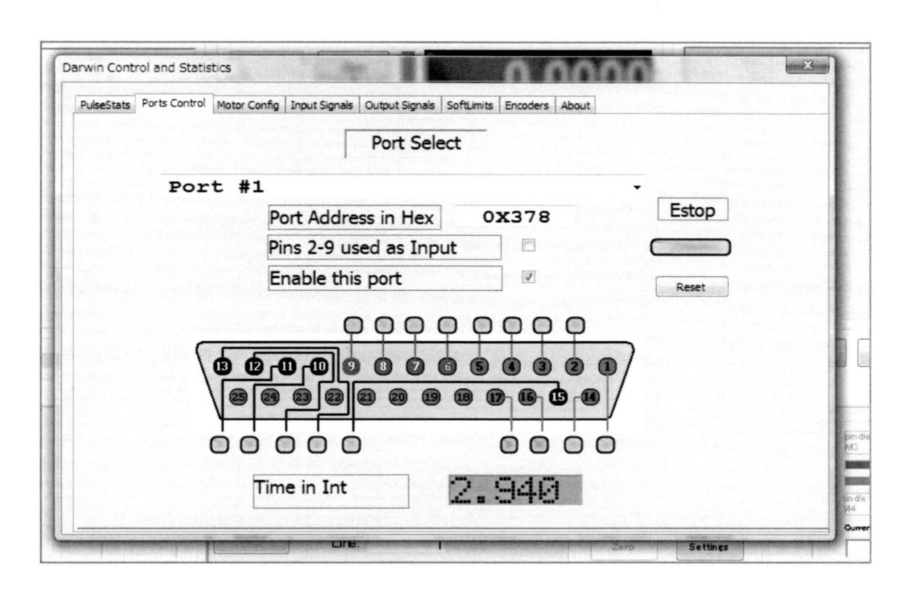

画面 4-27　ポートのアドレス指定

次に［Motor Config］タブを選択し、各モーターの信号ピンの割り当てを行います（**画面 4-28**）。この段階では、モーターの設定は軸名ではなくモーター番号で行うので注意してください。モーター番号と実際の軸の割り当ては次節で指定します。

最初に上部のドロップダウンでモーターを選択し、［Enabled］をチェックします。そして［Direction］で方向信号、［Step］でステップ信号のポートとピンを割り当てます。アクティブローにしたい場合は［Negate］をチェックします（方向の反転は、モーターのパラメータ設定の部分でも指定できます）。

Mach 4 では、この画面でもモーターの回転テストを行うことができます。ダイアログの右下側にある［X Axis］と［Y Axis］でモーターを 2 つ選び、その左側の球の画面上をクリックすると、クリック位置に応じて 1 個ないし 2 個のモーターが回転します。［Max Jog Speed (hz)］の値を大きくすれば、回転速度が上がります。

このテストを行うためには、1 つ前の［Ports Control］タブの中の［E Stop］の下のインジケーターが緑になっていなければなりません。赤ではモーターは回転しません。この切り替えは、その下にある［Reset］ボタンで行います。

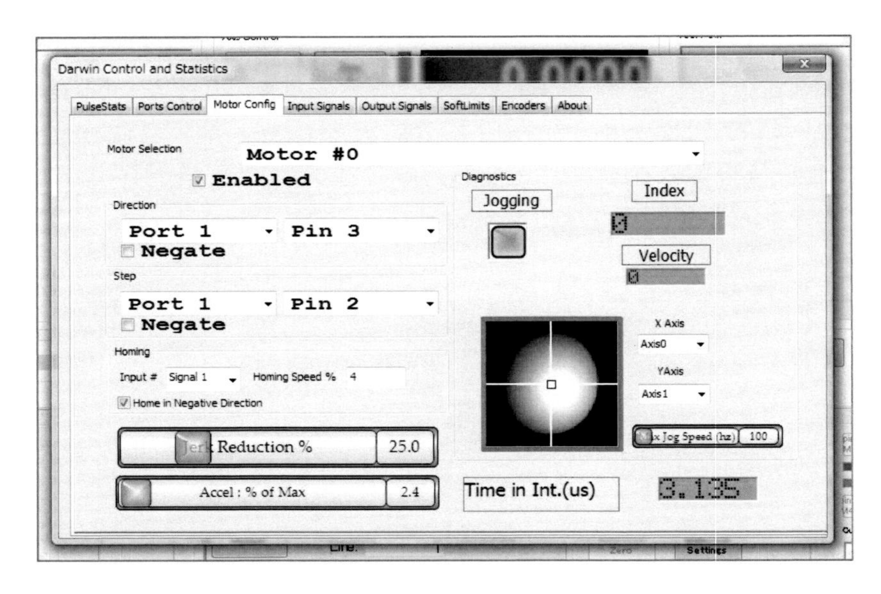

画面 4-28　ピンの割り当て

4-5-5　モーターの設定

パラレルポートのピン割り当てなどが終わったら、[Mach Configuration] ダイアログを開き、まず [Axis Mapping] タブを選択します（画面 4-29）。使用する軸の [Enabled] をチェックし、その軸に割り当てるモーター番号を指定し、[Apply] ボタンをクリックします。

[Master] と [Slave] という欄がありますが、スレーブは、マスターと同じ動きをする別のモーターの指定です。例えば 1 つの軸を 2 個のモーターを同期させて動かす場合に使います。

Mach Configuration

General | Motors | Axis Mapping | Homing/Sc

	Enabled	Master	Slave 1	Slave 2	Sl
X (0)	✓	Motor0			
Y (1)	✓	Motor1			
Z (2)	✓	Motor2			
A (3)	✗	Motor3			
B (4)	✗				
C (5)	✗				

画面 4-29　モーターの割り当て

次に [Motors] タブを選択します。右上のモーター一覧のどれかをクリックすると、そのモーターのパラメータが表示されます（画面 4-30）。パラメータの設定内容は Mach 3 の場合と同じなので、詳しくはそちらを参照してください。設定項目は、Mach 3 と同じく［Counts Per Unit］が単位距離（1mm）当たりのステップパルス数、［Velocity Units/Minute］が、最高速度をミリメートル単位の分速で示したもの、［Acceleration Units/(Sec^2]はミリメートル毎秒二乗の加速度です。

Mach 3 の設定と異なり、Mach 4 ではこの画面でモーターの回転方向の反転とバックラッシュを指定できます。［Enable Delay］は、モーター回転開始の際に、待ち時間を入れます。モーターを駆動するアンプ（ドライバ）によっては、モーター回転開始前に起動準備の時間を確保したほうがよいものがあるようです。パラレルポートでステッピングモーターを駆動する場合は、関係ありません。

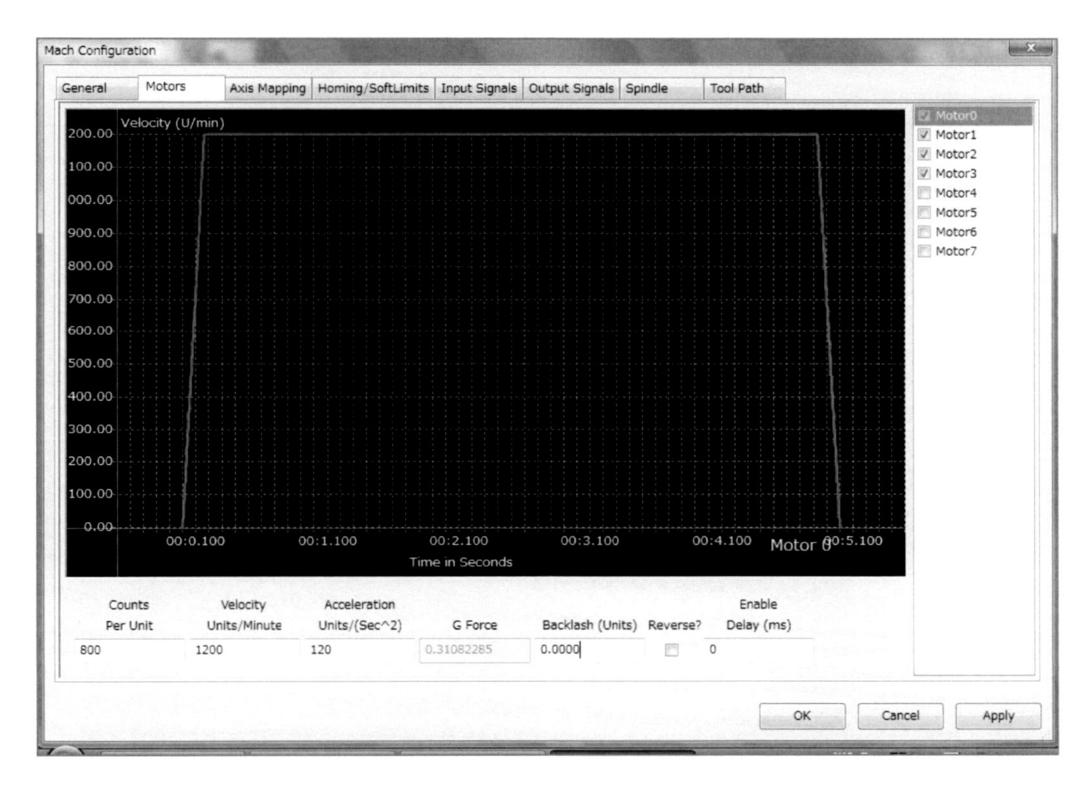

画面 4-30　モーターの設定

設定が終わったら忘れずに［Apply］をクリックします。これを各モーターについて行います。

4-5-6　外部出力とスイッチ類の入力

外部機器を制御するための出力ポートの設定は、パラレルポートドライバプラグインの［Configure］をクリックし、［Output Signales］タブで行います（画面 4-31）。

スイッチ類からの信号の設定は、［Output Signals］タブで行います（画面 4-32）。

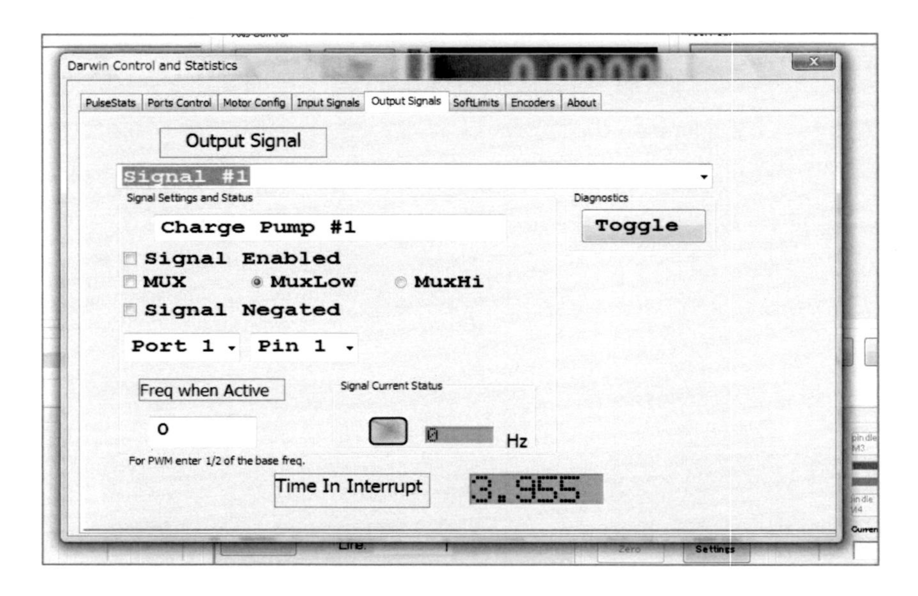

画面 4-31　出力信号の割り当て

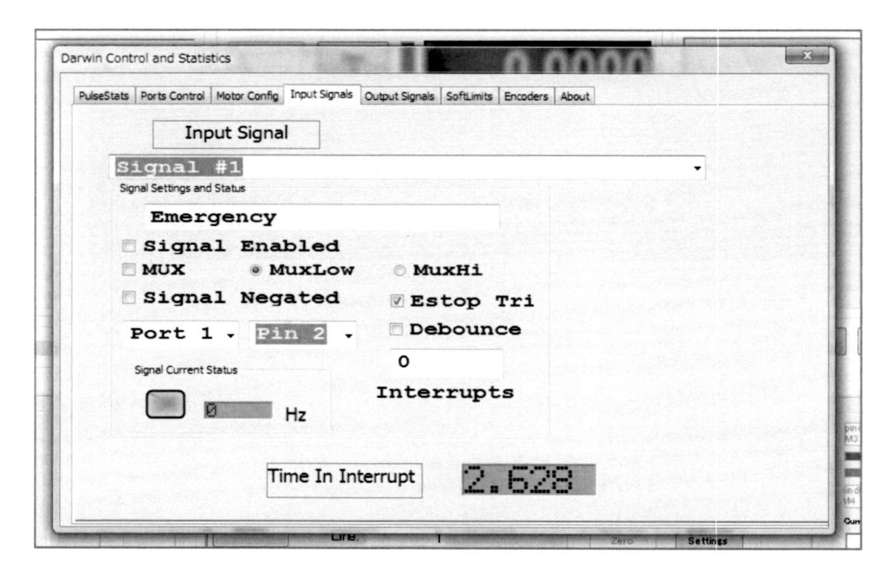

画面 4-32　入力信号の割り当て

Mach 3 にはなかった［Debounce］というチェックボックスがありますが、これは第 3 章で説明したスイッチのチャタリングに対処するという設定です。

どちらの設定も、まず上部のドロップダウンで信号を選択し、［Signal Enabled］をチェックします。そしてそれをどのポート、ピンに割り当てるかを指定します。入出力信号を扱うためには、マクロの作成が必要な場合があります。

緊急停止スイッチを接続していない場合、[Emergency] 項目の信号の [Signal Enabled] がチェックされていないことを確認します。

4-5-7 ライセンス

Mach 4 はホビー用途でも、各 PC にライセンス、つまり使用料金が必要な形になりました。パラレルポートプラグインを使用する場合は、Mach 4 本体とは別に、このプラグイン用のライセンスも購入しなければなりません。

Mach 4 のライセンスは、PC ID という個々の PC を識別する情報を使って認証されます。

まず Mach 4 をインストールし、[Help] ― [About] で [About] ダイアログを開きます（**画面 4-33**）。この中央付近に PC ID が表示されています。これは PC に装着されている LAN アダプタの MAC アドレスに基づいた ID なので、世界中で一意な ID となります。

画面 4-33 [About] ダイアログ

Mach 4 およびパラレルポートプラグインのライセンスを購入する際には、購入ページでこの ID を入力しなければなりません（**画面 4-34**）。

購入手続きが完了すると、メールでライセンスファイルが送られてきます。添付されている ZIP ファイル中のフォルダを開いていくと、テキスト形式のライセンスファイルが収められています。

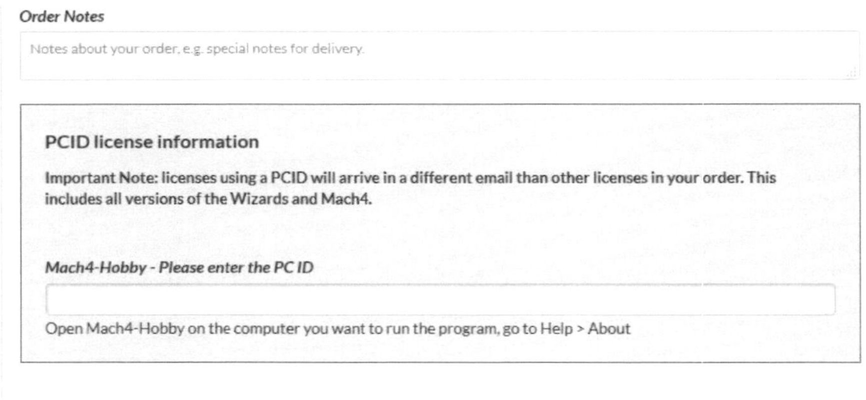

Order Notes

Notes about your order, e.g. special notes for delivery.

PCID license information

Important Note: licenses using a PCID will arrive in a different email than other licenses in your order. This includes all versions of the Wizards and Mach4.

Mach4-Hobby - Please enter the PC ID

Open Mach4-Hobby on the computer you want to run the program, go to Help > About

画面 4-34　購入ページの PC ID 指定

ファイル名に PC ID が含まれているので、複数のライセンスがある場合でも区別できます。これをデスクトップなど、適当な場所にコピーした後、Mach 4 の［About］ダイアログで［Load License File］をクリックし、ライセンスファイルを読み込みます。Mach 4 とパラレルポートのライセンスファイルを読み込めば、ライセンス処理は完了です。

4-6　モーター以外の要素

前で説明したように、Mach は各種スイッチ/センサー類の入力を扱うことができます。本書の作例では（現状では）スイッチ類を備えていませんが、スイッチ類の接続について簡単に示しておきます。

4-6-1　主軸スイッチと緊急停止スイッチ

主軸スイッチは主軸の回転をオン/オフするもので、作業の際に随時操作するものです。主軸を Mach で制御している場合は用意しておきたいでしょう。しかし Mach から主軸制御を行わない（既存の主軸制御回路に Mach の信号をつなぎこむのはかなり難しい作業になります)、つまりフライス盤のもともとのスイッチだけを使っている場合は、主軸の運転スイッチの接続はありません。

緊急停止スイッチは、何らかの理由で即座に工作機械を止めたい時に操作するスイッチです。赤くて丸いキノコ型の大型のボタンスイッチで、これを押すと機械は無条件に停止します。通常の運転スイッチとは別に主電源を切るのが一般的ですが、停止ボタンと兼用になっているもの（**写真 4-3**）もあります。

Mach のドキュメントでは、このスイッチによる停止は、ソフトウェアなどを介在させずに、つまり直接電源を切るなどの操作を行うことを求めています。そしてその操作が行われたことを Mach

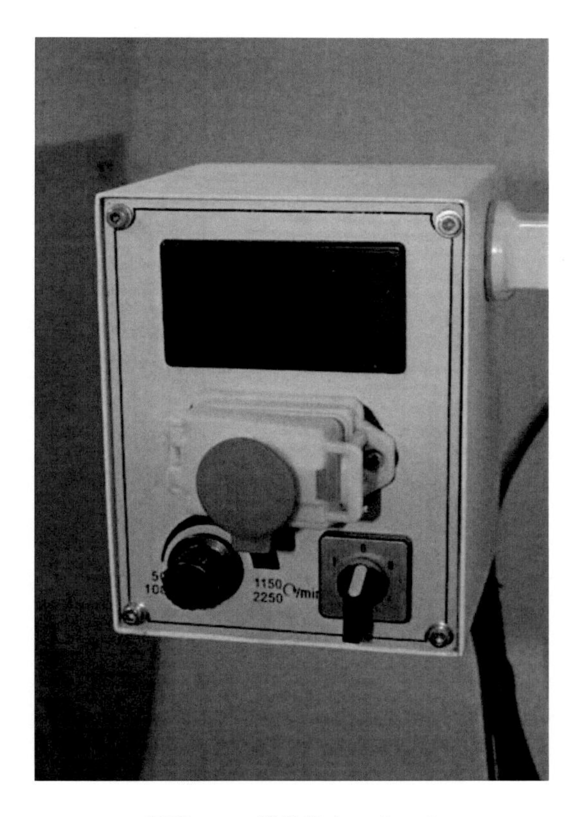

写真 4-3　緊急停止スイッチ

ソフトウェアにも通知し、システム内での整合を保ちます。このために使われるのが、EStop 入力で、入力ピンに割り当てます。

フライス盤の緊急停止スイッチの最大の目的は、主軸の回転を止めることです。Mach は緊急停止スイッチの操作に対応していますが、主軸が Mach から制御されていない場合は、Mach 側のこのスイッチはテーブルの動作を止めるだけとなります。

安全性という面で考えれば、1 つの緊急停止スイッチで主軸とテーブルの動作を止められるようにすべきですが、構成上それが不可能な場合は、主軸を止めることを優先するのが無難でしょう。この場合、フライス盤にもともと備えられている緊急停止スイッチをそのまま利用するという形になります。

4-6-2　リミットスイッチとホームスイッチ

第 3 章で説明したように、どちらもテーブルや主軸ヘッドの位置を検出するためのスイッチです。リミットスイッチは、移動の限界位置を検出するためのもので、テーブルや主軸ヘッドが一番端まで来た時に作動し、これ以上移動できないことを示します。端は両側にありますから、X 軸の左右、

Y 軸の前後、Z 軸の上下で、6 個のスイッチが使われます。Mach ではリミットスイッチからの入力信号が、X++、X--などの名前で定義されています。

リミットスイッチは、機器の異常動作や加工プログラムのミスなどで、テーブル類が想定外の動きをした時に、機械を停止させるのが目的です。このような特性から、配線を簡略化することも可能です。限界位置に達するとオフになる（普段はオン）接点を持つリミットスイッチを使い、これをすべて直列に接続します。すると、正常動作中はすべてのスイッチがオンなので電流が流れますが、どれか 1 つでもスイッチが作動すると回路はオフになります。さらに押すとオフになる非常停止スイッチも直列に接続し、このスイッチ回路を非常停止入力（Estop）に接続します（図 4-4）。これで、テーブル類が限界位置に達した時、非常停止スイッチが押された時に、Mach の動作が停止します。この方法なら、Mach の入力信号を 1 本しか使用しません。

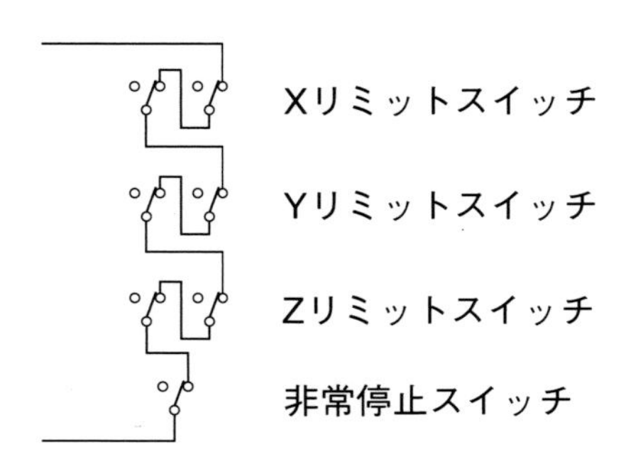

図 4-4　リミットスイッチの配線例

ホームスイッチはホームポジションを検出するためのものです。例えばツールを交換したり、材料を固定する際の位置などをホームポジションと定めることができます。ホームポジション検出用のスイッチは、X HOME などの名前で定義されています。

◎ Column ◎　参照動作

工作機械を制御する G-code には、参照（リファレンス）動作というものがあります。これはホームスイッチが作動するまでテーブルをゆっくり動作させることで、絶対座標を認識するという機能です。

位置を直読できる DRO などを備えていない限り、電源投入直後のテーブル位置は Mach からはわかりません。参照動作をすることで、テーブルがホーム位置の座標にあることを検出し、それにより絶対座標を確定させることができます。

第 5 章　制御ソフトの使い方 － Mach の操作

前章までの改造とセットアップが完了すれば、Mach を使って工作機械を制御できます。本章では、Mach の基本的な操作方法を解説します。

Mach は工作機械を直接制御するソフトウェアで、その主たる機能は作成済みの G-code ファイルを読み込み、その指示通りに工作機械を制御し、自動的に加工を行うことです。また作業を行うために、G-code を実行するためのセットアップや、工作機械の手動操作なども行えます。

本章では、まず G-code プログラムによる加工の基本的な知識について説明し、その後、Mach の操作方法を紹介します。

Mach 3 と Mach 4 では、画面やメニュー項目などがかなり変わっています。ここでは、基本的な操作について、Mach 3 と Mach 4 の両方について説明します。

5-1　G-code プログラムによる加工

G-code は、工作機械の動作を制御するために造られたプログラミング言語です。プログラミング言語といっても、C や Java などのプログラミング言語とはまったく異なり、工作機械の制御に特化しています。サブルーチンや変数の概念はありますが、条件判断やループなどの処理は行えません。

G-code は、テーブルや主軸の移動の位置と速度を指定し、ツールの動きを記述します。この指示を必要なだけ並べ、連続的に実行すれば、指示した通りに工作機械が動作し、複雑な加工を自動的に行うことができます。

G-code の内容については次章で解説します。ここでは Mach で G-code をどのように扱うことができるかを説明します。

5-1-1　G-code ファイルのロードと実行

Mach などの CNC 制御ソフトは、何らかの方法で作成された G-code ファイルを読み込み、それに基づいて工作機械を制御します。作業を行う際には、目的の G-code ファイルを選択し、それを読み込みます。G-code ファイルはテキスト形式で、拡張子として.txt、.tap などが使われます。

プログラムを実行すると記述された G-code の指示通りに工作機械が動作し、加工が行われます。実際に工作機械を動かさず、ツールの移動経路（ツールパス）をグラフィック表示で確認することもできます。

実際には加工の前にいろいろな準備やプログラムの検証などが必要です。またプログラムによる指定の一時的な変更といったこともできます。CNC 制御ソフトは、このような関連処理もサポートしています。

5-1-2　実行の制御

読み込んだ G-code プログラムを先頭から順に実行すれば、自動的に加工を行えます。この時、各種の管理機能を使ってさまざまな操作ができます。

●開始、停止、再開

ボタンのクリックなどで G-code プログラムの実行を開始すると、工作機械による加工が始まります。プログラムの実行は、オペレーターの操作により随時停止できます。また G-code プログラム中の指示により、ツール交換などのために停止することもあります。

一時停止しているプログラムは、オペレーターの操作で再開できます。もちろん中止、強制終了することも可能です。

●ブロックデリート

G-code プログラムの記述方法により、一部の加工手順を選択的に実行できます。ブロックデリートと指定された行は、制御ソフトのスイッチ指定によって、実行するかスキップするかを選択できます。

●ステップ実行

通常はプログラムは連続的に実行されますが、動作検証などのために 1 行ずつ実行できます。またプログラム中の特定の位置に移動し、その行から実行を始めることも可能です。

これらの機能をうまく使えば、プログラムの検証を効率的に行ったり、加工作業を効率化できます。

5-1-3　オーバーライド

オーバーライドとは、G-code プログラムで指定されたツールの送り速度、回転速度を、元の速度に対する割合（パーセント）で手動調整することです。例えば 50%と指定すると、速度はプログラム中の指定の半分になり、200%とすれば倍の速度になります。ただし機器の上限速度を超えることはありません。

オーバーライドの用途はいくつかあります。G-code プログラムが正しく記述されているかどうかは、材料をセットせずにプログラムを実行してみればある程度わかります。普通に確認すると実際の加工と同じだけ時間がかかりますが、オーバーライド機能でツールの移動速度を上げれば、時間を節約できます。あるいは金属加工の前に木材や樹脂で実験するといった場合、材料が柔らかいので切削速度や主軸速度を上げることができます。

5-1-4　G-code の直接実行

機器を制御する G-code を 1 行ずつ入力し、実行できます。通常の G-code による加工は、ファイル中の多数の G-code プログラム行を連続的に実行しますが、Mach はキーボードから G-code を 1 行入力し、それを即座に実行させることもできます。

システムのセットアップや、G-code の習熟などのためにこの機能を使うことができます。移動コマンドに対して誤差がどれだけ出るかを調べたり、テスト用の材料を使って切削の深さ、速度などを検証する場合、G-code を直接入力して効率的にチェックできます。

またこの機能を使うと、ちょっとした自動送りや正確な移動の繰り返しなどを行うことができます。例えば長さ 100mm の直線切削だけを行いたい場合、わざわざ CAD/CAM ソフトで G-code ファイルを生成するのは手間がかかりますが、G-code の移動コマンドを直接入力すれば、座標と速度を指定して加工を行うことができます。

手作業で加工を行っている場合でも、テーブルの正確な移動を G-code で行うという使い方ができます。例えば 20mm 間隔でいくつかの穴をあける加工なら、穴あけは手で操作し、移動は毎回 G-code で行うことができます。送りハンドルを回数を数えながら回し、ハンドルの目盛で位置を合わせるのは、面倒で間違えやすい作業です。

こういったことを行うために、G-code の基礎知識を理解し、いくつかの基本的なコマンドを覚えておくとよいでしょう。

5-1-5　座標などの設定

CNC 加工を行う際には、材料上の位置を座標で指定します。つまりツールの刃先の座標を指定するということです。G-code で動作を指示する際には、いくつかの座標系を使用します。これには絶対座標系、ワーク座標系、一時的に変更された座標系や極座標などがあります。ここでは作業時に使うワーク座標系と、複数のツールを使う際に必要になるツールオフセットの設定について簡単に紹介します。座標系については、第 6 章、第 7 章でも解説します。さらなる詳細は、G-code や Mach のドキュメントを参照してください。

■ワーク座標系

工作機械は、その機械に固有の絶対座標系（機械座標系）を備えています。しかし G-code プログラム中の座標指定は特定の工作機械の座標系を意図したもではありません。そのため実際に加工を行う際には、絶対座標系を適当にオフセットさせたワーク座標系（フィクスチャ座標系）を準備します。ワーク座標系は、随時定義できます。また Mach ソフトウェア上にいくつか登録しておき、その中から選択できます。

例えば材料の上面左下隅を原点とした加工指示であれば、固定した材料のその位置にツール先端が接した状態での絶対座標を、ワーク座標系の原点として設定します。

■ツールの設定

加工の最初から最後まで 1 種類のツールしか使わないのであれば、そのツールの先端の中心を加工の基準位置（制御点）として扱えばいいのですが、途中でツールを変える場合はそうもいきません。ツールの種類によって大きさが違うため、工作機械が同じ座標に移動しても、ツール先端位置が変わってしまいます。

この問題に対応するために、G-code はツールの大きさに基づいてオフセットを調整する機能を持っています。使用する複数のツールに番号を付け、このツールオフセット情報を登録しておきます。加工時には、使用するツールを番号で指定することで、その登録されたオフセット情報が加味された Z 座標で動作します。これによりツールを交換しても、常にツール先端が一貫した座標位置に来るようになります。ただし毎回ツールをコレットにセットするという使い方だと、ツールの飛び出し量が一定に定まらないので、毎回オフセットを調整しなければなりません。

■一時的な座標の変更

通常の加工は、工作機械の絶対座標系に対してワーク座標系を適用し、さらに設定されていればツールのオフセットを加味して、最終的な加工位置を算出します。

G-code ではこれに加え、一時的な座標系の変更も可能です。現在の座標に対し、さらにオフセットを適用したり、極座標を組み合わせたりできます。また移動先の座標を絶対指定したり相対指定できます。このような処理は、人間が G-code プログラムを記述する際に便利に使えますが、CAM ソフトで G-code プログラムを生成する場合は、あまり使われません。

座標系全体を適当な倍率にスケールすることもできます。座標値を 50%にすれば大きさを半分にすることができ、特定の軸を-100%にすれば、鏡像反転した形に加工できます。

5-1-6　手動操作

実際に加工作業を行う際には、工作機械に材料を固定したり、途中でツールを交換する必要があります。また加工を始める前に、固定した材料に基づいて座標設定をしなければなりません。こういった作業のために、オペレーターの操作でテーブルや主軸ヘッドを動かす必要があります。

Mach などの CNC 制御ソフトは、G-code プログラムとは関係なく、マウスやキーボード（あるいは外付けコントローラ）を使って手動操作できるようになっています。つまりハンドルを手で回す代わりに PC を操作してモーターを動かし、テーブルの移動などができるということです。特にハンドルを持たない CNC 専用機器の場合は、このような手動操作機能は不可欠です。

具体的にはマウスで方向を示すボタンをクリックしたり、キー操作でテーブル類を動かすことができます。また移動速度を変えられるので、おおよその位置決めのための早送り、正確な位置決めのための微小送りが行えます。外付けのジョグコントローラや MPG を用意すれば、より効率的に操作を行えるでしょう。

Mach ソフトウェアの制御下で手動操作を行う場合は、操作に伴う座標の動きをソフトが追跡できるので、機器の実際の座標と Mach が認識している座標が狂うことはありません。もし手でハンドルを回すと、座標が食い違うことになるので注意が必要です。

5-2　Mach 3 の使い方

Mach 3 と Mach 4 は画面構成などがかなり変わっているので、ここまで説明してきた点について、別々に説明します。共通する点はおもに Mach 3 のところで紹介しています。

5-2-1　非常停止状態

Mach の操作と工作機械の実際の動きの関係には、いくつかのモードがあります。

最初に知っておかなければならないのは、工作機械の非常停止機能です。工作機械は鋭利な刃物を持ち、力も強いので、体が巻き込まれると死亡や大怪我の可能性があります。そのため動作を緊急停止させるスイッチが備えられています。**写真 5-1** の赤いキノコのような形のボタンで、これを押すと工作機械は無条件に止まります。

一般的な非常停止ボタンは、一度押すと押し込まれた状態を維持するようになっており、戻すには丸いノブをちょっと回転させてロックを外す必要があります。このスイッチは動力系の主電源を切るという回路になっていることが多いので、主電源スイッチを兼用している機械もあります。実際に工作機械を使用する際には、ノブが引き出された状態にしておく必要があります。また通常の運転スイッチと兼用になっている（押すと運転停止になる）ものもあります。

写真 5-1　非常停止ボタン

Mach にも同じ機能があり、画面上の［Reset］ボタンをクリックすると、Mach で制御しているモーターがすべて停止します。また画面上のクリックは緊急時の操作としては不向きなので、操作が容易な SPACE キーがこの機能に割り当てられています。もちろん外部スイッチを接続し、実際の非常停止ボタンとして実装することもできます（というか、安全のためにそのように実装するのが好ましいでしょう）。

Mach 3 は安全のために、この停止状態で起動します。そのためモーターを動かして何かをするためには、まず［Reset］ボタンをクリックし、稼働可能な状態にする必要があります。

5-2-2　Mach 3 の画面構成

Mach を起動すると、工作機械の制御画面が表示されます。Mach 3、4 ともいくつかの画面があり、上部のタブで切り替えることができます。

Mach 3 は次の画面から構成されます。

●注意●

Mach のユーザーインターフェイスはユーザーや機器のベンダーが自由に編集できるので、加工機の付属品として添付されているものなどは、その機器用にカスタマイズされている場合もあります。ここでは Newfangled のサイトからダウンロードしたものをインストールし、何もカスタマイズしていない状態で説明していきます。

● [Program Run]

G-code ファイルのロード、プログラムの実行を行います。

● [MDI]

オペレーターによる G-code の入力と実行のための画面です。

● [Tool Path]

画面上でツールパスを大きく表示しながらプログラムを実行します。

● [Offsets]

ワーク座標系のオフセット、ツールオフセットなどの指定と確認をします。

● [Settings]

各種設定や状態の確認を行います。

● [Diagnostics]

インターフェイスの状態の確認のための画面です。

5-2-3 [Program Run] タブ

基本的な加工作業は [Program Run] タブで行います。この画面では G-code ファイルのロードと実行、座標の設定、オーバーライドの指定などを行うことができます（**画面 5-1**）。

左下に [Reset] ボタンがあり、起動時は点滅しており、停止状態になっています。これをクリックして点滅を止めると、工作機械を動作させることができます（ [Reset] は各画面にあります）。外部に非常停止ボタンを接続し、入力ポートが適切に設定されていれば、そのボタンで同じ操作ができます。

画面上のそれぞれの要素について、簡単に説明します。

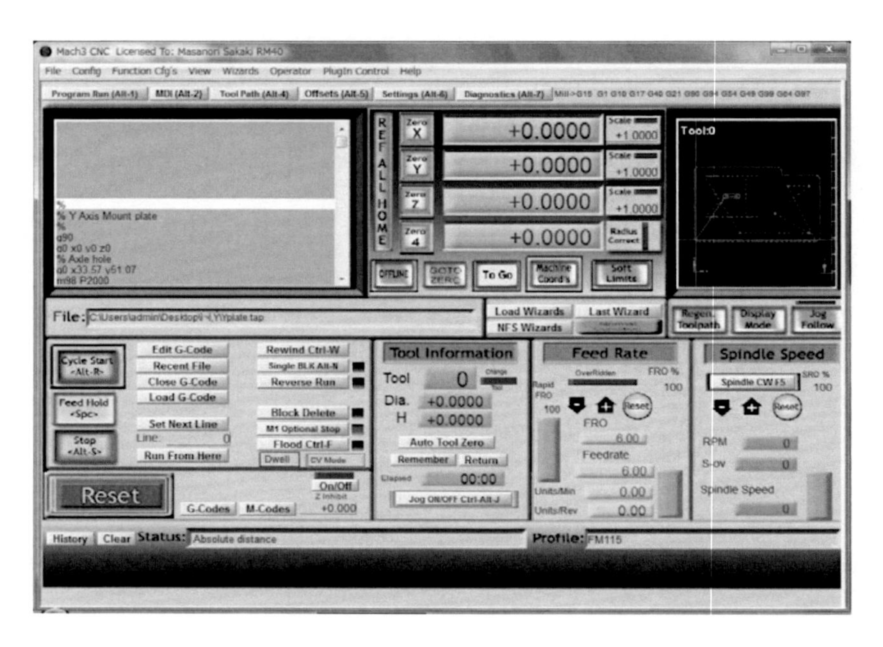

画面 5-1　Mach 3 の［Program Run］タブ

■ G-code プログラムの実行

画面左側が、G-code プログラム関連の操作で、G-code プログラムの読み込み、実行の制御、実行時オプションの指定などを行えます（**画面 5-2**）。

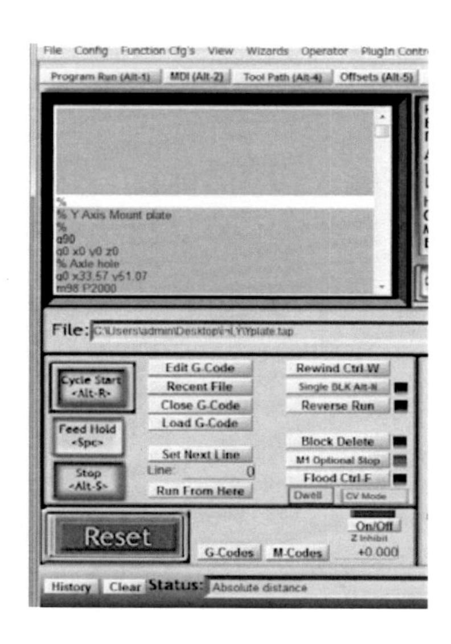

画面 5-2　G-code 関連の操作

左上に、読み込んだ G-code プログラムが表示されます。適当にスクロールし、プログラムを眺めたり、特定の行に着目できます。その下側には各種のボタンがあります（**表 5-1**）。G-code に関する指定については、次章も参照してください。

ボタン	機能
[Edit G-Code]	G-code ファイルをテキストエディタで編集
[Recent File]	最近使ったファイルから選択
[Close G-Code]	現在読み込んでいる G-code プログラムファイルをクローズ
[Load G-Code]	G-code プログラムファイルの読み込み
[Set Next Line]	次に実行する行を指定
[Run From Here]	着目行の状態を確定させてから、その行を次に実行する行に指定
[Rewind]	先頭行に移動
[Single BLK]	1 行ずつ実行
[Reverse Run]	前の位置に戻る
[Block Delete]	ブロックデリートを有効化
[M1 Optional Stop]	M1 オプショナルストップを有効化
[Flood]	クーラントをオン

表 5-1　G-code のボタンと機能

G-code プログラムの実行は、左端にある大きなボタンで制御します。

● [Cycle Start]

プログラムの先頭、あるいは現在停止している位置から、G-code プログラムの実行を開始します。これにより主軸の回転、テーブル類の動作が始まります。シングルブロックモードの場合は、1 行だけ実行して一時停止します。

[Set Next Line] と [Run From Here] により、プログラム中の任意の位置から実行を始めることができます。[Set Next Line] は、単に次に実行する行を指定するだけです。それに対し [Run From Here] をクリックすると、先頭から動作を伴わずにプログラムが実行され、内部状態や座標値がその行での本来の状態に設定されます。さらに、その内部状態に一致するようにツールを移動させるかどうかを尋ねられます。

● [Feed Hold]

加工を一時的に停止します。停止できないタイミングの作業中であれば、それが完了してから停止します。主軸の回転は停止しませんが、手動で停止させることはできます。停止後に [Cycle Start] を押せば、加工を続きの部分から再開します。停止中にツールの交換などのために主軸を移動しても、元の位置に戻してから再開します。

● [Stop]

速やかに工作機械を停止します。何らかの作業の途中であっても止めてしまうので、以後、[Cycle Start] で加工を継続できません。再開しても、座標などが意図した値でない可能性があり、正しい加工が行われる保証はありません。

● [Reset]

プログラムと機械の動作を強制停止します。停止状態でクリックすると稼働状態になります。

● [Z Inhibit]

指定した座標値を超えて（下方向に）Z 軸が動きません。つまり、主軸の上下の移動が制限されます。

通常の作業手順は、まず [Load G-Code] でファイルを読み込みます。読み込んだプログラムは左上に表示され、さらにツールパスが右上に表示されます。その後、[Cycle Start] で実行を開始します。プログラムが終了すれば、工作機械が停止します。

何か問題があれば、[Edit G-Code] で読み込んだプログラムを編集できます。使用するエディタはコンフィグメニューで指定できます。

■座標表示

上部中央に各軸の座標値が表示されています。画面では 4 軸になっていますが、使っているのは X、Y、Z の 3 軸だけです。それぞれのボタンについて、働きを簡単に紹介します（**画面 5-3**）。

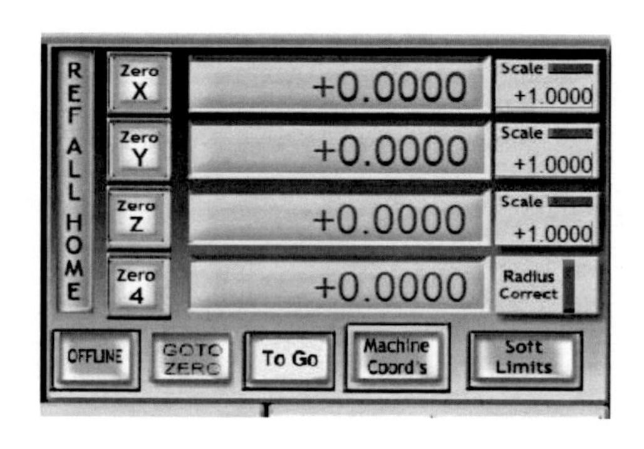

画面 5-3　座標値

◎ Column ◎　数値の入力

Machの画面で数値が表示されている部分の多くは、単に表示だけでなく、入力部でもあります。オペレーターが値を指定できる部分については、そこをクリックすると入力が可能になり、Enter キーで値が確定します。

●座標

現在の座標値です。［Machine Coord's］がオンの時は機器の絶対座標、オフの時はワーク座標です。ワーク座標の時は、座標値を数値で入力できます。この場合、テーブル類は動かず、ワーク座標系のオフセットが変更されます。

●［Ref All Home］

ホーム位置でリファレンス動作を行います。具体的には、ホームスイッチが作動するまでテーブル類を移動することにより、機械がホーム位置にあることを確定させます。これにより絶対座標が定まります。ホーム位置を検出するスイッチやセンサーがない場合は機能しません。

●［Zero X/Y/Z］

ワーク座標の時に、それぞれの座標値を0にリセットします。この時、テーブルなどは動きません。つまり現在位置をワーク座標系の原点を設定することになります。

●［OFFLINE］

これをオンにすると、G-codeの実行、移動操作で、テーブル類が動きません。G-codeプログラムの動作確認などに使えます。

●［GOTO ZERO］

テーブル類を現在の座標系の原点に移動します。

●［To Go］

このボタンが有効な間、座標値の表示は、現在の着目行を実行した後の移動先座標に対する相対座標となります。つまり移動先が(0, 0, 0)であり、現在の位置がその移動先からどれだけ離れているかを、相対座標値として表示します。

●［Machine Coord's］

絶対座標（機械座標）を表示します。絶対座標はリセットなど、一部の操作が行えません。

● [Soft Limits]

プログラム中で指定したリミット位置（移動可能範囲）を有効にします。指定したリミット位置を越えて移動しなくなります。リミットスイッチを装備していない場合は、これを設定しておくとよいでしょう。

● [Scale]

各座標軸のスケール（倍率）の表示、設定ができます。G-code 中でスケールが変更された場合、その内容が表示されます。またユーザーがここに数値を入力することで、スケールを一時的に変更できます。

◎ Column ◎　表示の桁数

ミリメートル単位で使う場合、座標値の小数点以下の桁数が多すぎる気がしますが、もともとインチ用なので仕方がありません。カスタマイズすれば桁数を減らせます。また内部データがインチベースになっているのか、ゼロへのリセットなどで、わずかな誤差が残る場合があります。

■送り速度

現在の送り速度（フィードレート）の表示、オーバーライドの指定ができます（**画面 5-4**）。

画面 5-4　送り速度

通常は、G-code プログラムで指定された送り速度が表示されていますが、数値指定か緑色のバーの操作でオーバーライド指定し、速度を強制的に変えることができます。オーバーライドはパーセントで示され、指定速度に対してそのパーセンテージで実際の動作速度が決まります。例えばオーバーライド 200%とした場合は、指定速度の 2 倍の速度で動作します。また 100%以下にすれば、指定速度よりゆっくり動作します。オーバーライド機能で速度を上げても、設定した最高速度を超えることはありません。

右側が、切削時の送り速度のオーバーライド指定（F ワード指定に適用される）、左側が早送り時

（G0 コマンドに適用される）のオーバーライド指定です。

■主軸の制御

Mach から主軸の制御ができるように構成されている場合、右下の［Spindle Speed］で主軸のオン／オフ、回転数、オーバーライドを制御できます（**画面 5-5**）。今回の作例では主軸制御を行っていないので、この部分は操作できません。

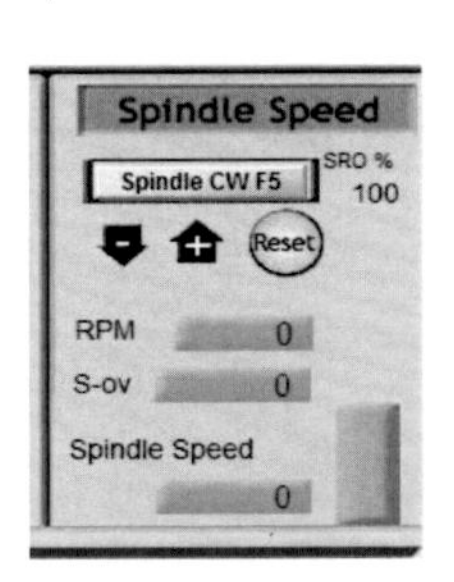

画面 5-5　主軸

■ツールの情報

ツールの番号、直径、ツール長などが表示されます。下にある［JOG ON/OFF］でジョグコントロール機能のオン/オフを切り替えることができます（**画面 5-6**）。

画面 5-6　ツールの情報

■ツールパスの表示

G-code ファイルを読み込むと、加工時のツールの移動経路（ツールパス）がグラフィカルに表示されます。これは上から見た経路だけでなく、マウス操作で斜めに表示して Z 軸の深さも見ることができます。

［Tool Path］タブを選択すれば、同じ画像をより大きな画面で見ることができます。

5-2-4　[MDI] タブ

G-code をキーボードから入力し、即座に実行するための画面です。プログラムの実行に必要ないくつかの基本機能も、この画面から操作できます。

下側にある [Input] のところに G-code プログラムの行を入力し、Enter キーを押すとその行の内容が直ちに実行されます（**画面 5-7**）。また過去に入力した行も記憶されているので、同じ内容を繰り返し入力したり、手直しして再実行するなどが簡単にできます。

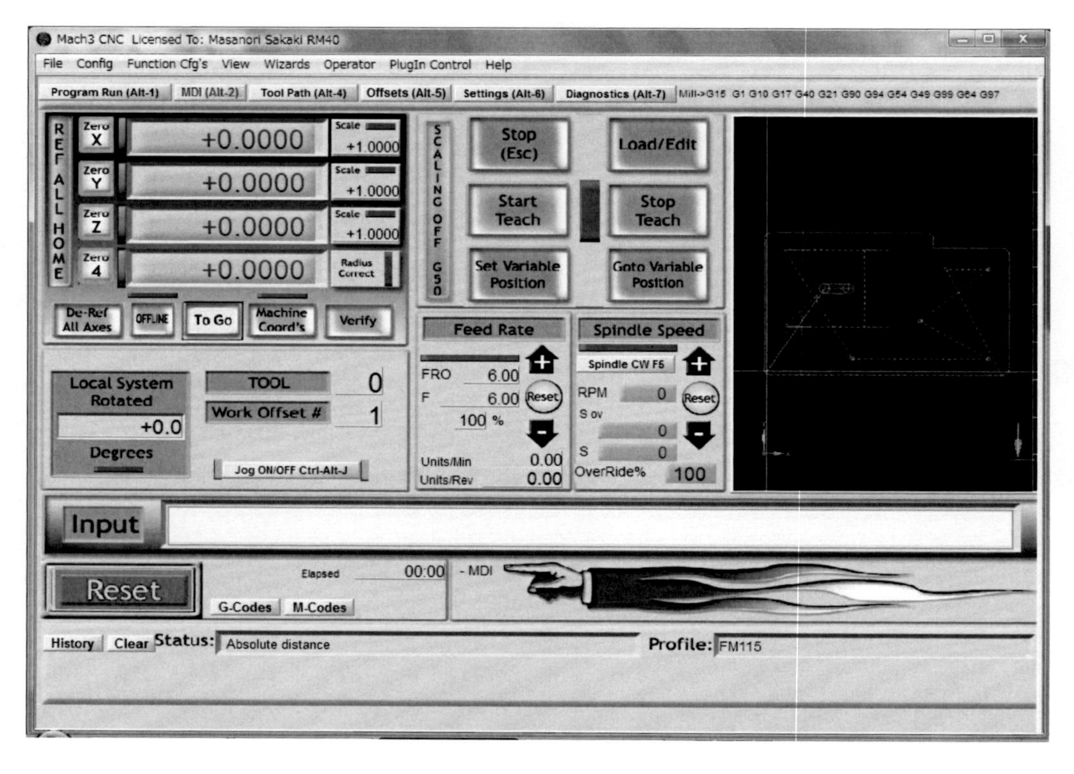

画面 5-7　Mach 3 の [MDI] タブ

5-2-5 [Tool Path] タブ

G-code ファイルによる加工を行う画面です（**画面 5-8**）。プログラム実行以外の機能がない代わりに、［Program Run］タブよりもツールパス画面が大きく、加工内容がわかりやすくなっています。

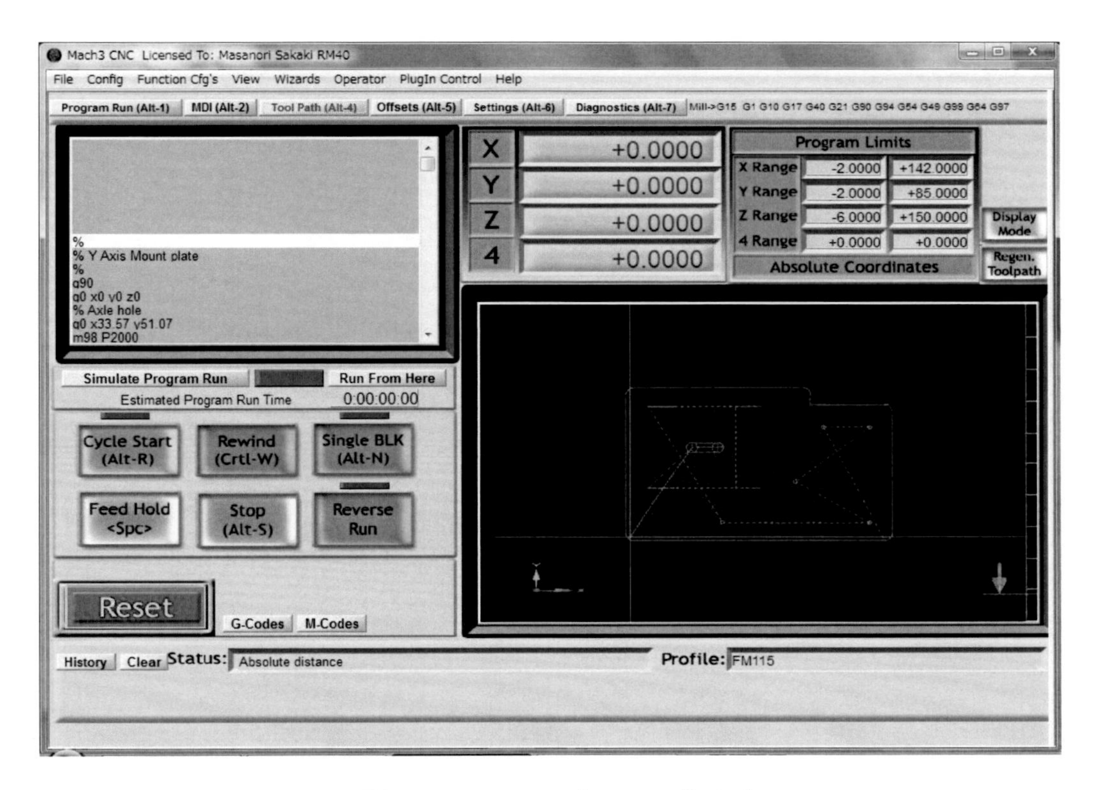

画面 5-8 Mach 3 の［Tool Path］タブ

5-2-6 [Offsets] タブ

現在のワーク座標系のオフセットの値や、オフセットテーブルへの登録、ツールオフセットなどの値の確認や設定を行えます（**画面 5-9**）。

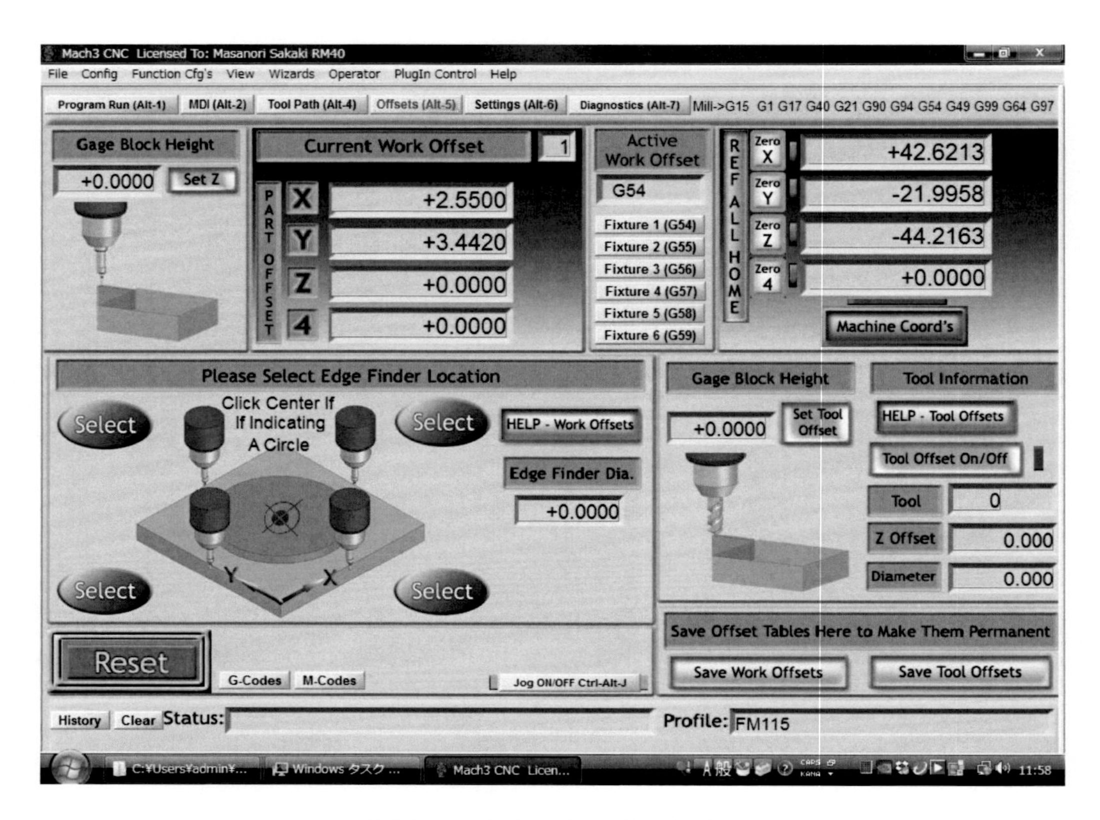

画面 5-9 Mach 3 の［Offsets］タブ

5-2-7　[Settings] タブ

Mach 3 の現在の設定や状態などを確認できます（画面 5-10）。

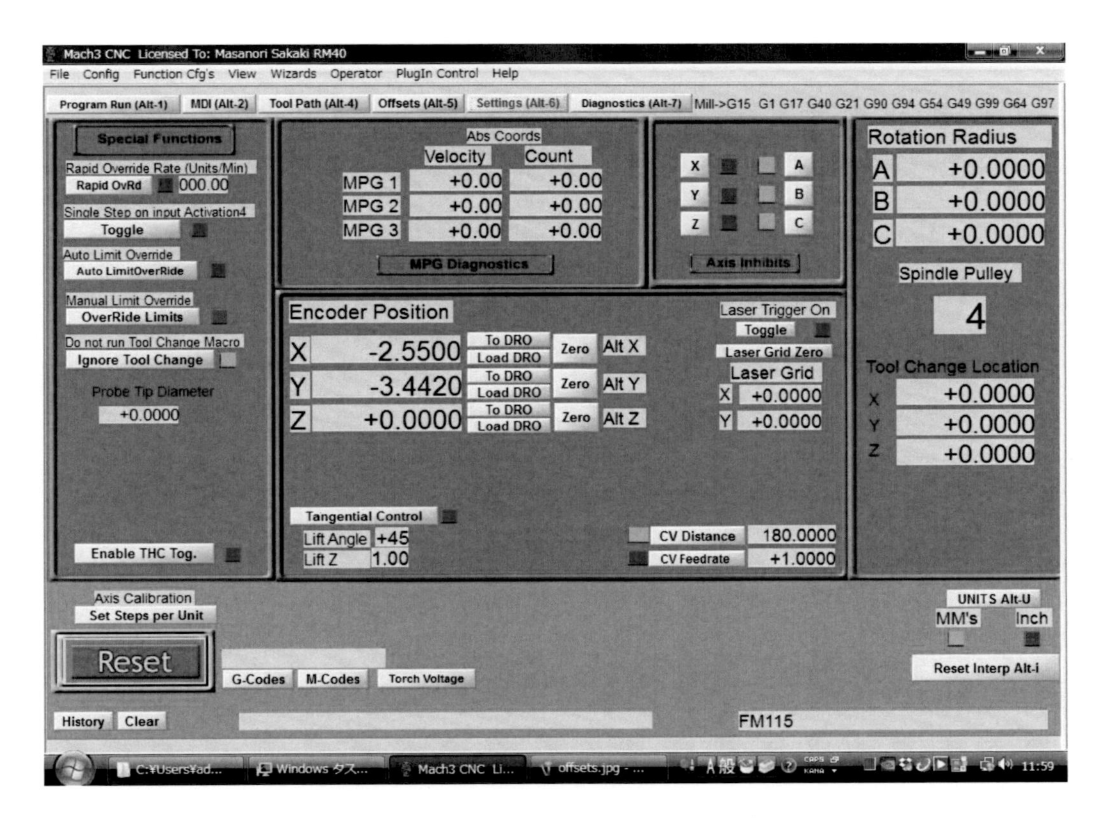

画面 5-10　Mach 3 の［Settings］タブ

5-2-8 [Diagnostics] タブ

現在の座標情報、各種入出力の状態などを確認できます（**画面 5-11**）。

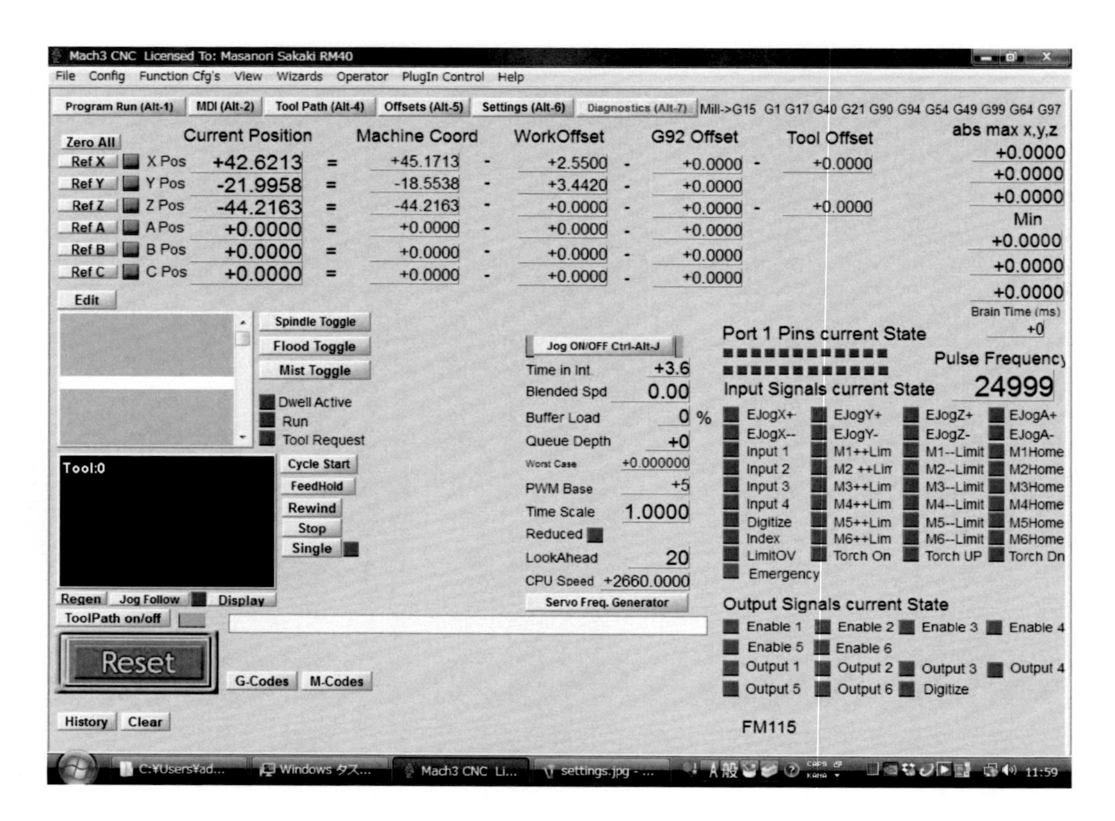

画面 5-11　Mach 3 の［Diagnostics］タブ

5-2-9　ジョグ操作

材料とツールをセットし、加工を開始する前に、開始位置を定める必要があります。この時は、例えば材料の上 1mm といったように、精密に位置決めする必要がありますが、Mach のジョグ機能を使えば、PC の操作で早送りや微小送りを行うことができます。

TAB キーを押すと、画面の右側に MPG（ジョグコントローラ）画面が表示されます（**画面 5-12**）。これは手元コントローラによる手動操作機能を画面上で実現するものです。

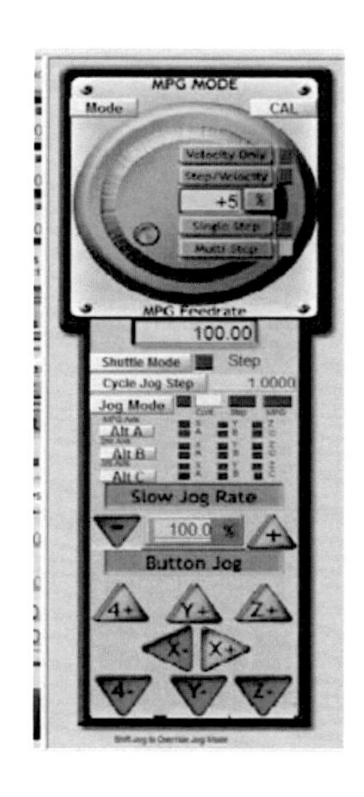

画面 5-12　ジョグコントローラ

［Jog Mode］ボタンでモードを切り替えます。［cont］はボタンを押している間、連続的に移動するモードで、早送りができます。移動速度は［Slow Jog Rate］で、最高速に対するパーセンテージで指定します。［step］モードはボタンを押すごとに一定の距離だけ移動するモードで、移動距離はその上の［Cycle Jog Step］で指定します。

画面下部の X、Y、Z のボタンをクリックすることでこれらの移動操作を行えますが、［Tool Information］部などにある［JOG ON/OFF］がオンになっていれば、キーで操作することもできます。X と Y は ↑ ↓ ← →（上下左右のカーソル）キー、Z の上下は Page Up キーと Page Down キーに割り当てられています。キーによる操作はジョグ画面を表示しなくても使えるので便利です。ただしカーソルキーを本来の用途（画面上の着目オブジェクトの移動など）で使いたい場合は、［JOG ON/OFF］をオフにする必要があります。

◎ Column ◎　外付けコントローラ

画面上のジョグコントローラではなく、本物のコントローラを使えるようにすると、さらに使い勝手が向上します。CNC 工作機械では、テーブル送りなどを操作できるコントローラを MPG (Manual Pulse Generator) といいます。Mach では、USB で接続するものや、本物の工作機械用の MPG を接続して使うことができます。

この種のコントローラとしては、専用のものでなくても、ビデオ編集アプリケーションで使われるジョグ/シャトルが便利なので、Mach でもしばしば利用されています（写真 5-2）。ビデオ用のジョグ/シャトルコントローラは、ビデオのコマ送りと早送りができます。中央のつまみは自由に回転し、回転量に応じてビデオ画像がコマ送りされます。ダイヤルの外側にあるリングは左右に一定の範囲で回すことができ、停止、正逆方向のスローから早送りができます。これらの機能で、目的のコマをすばやく探し出すことができます。

写真 5-2　Shuttle Express

この機能はそのままテーブル移動に応用できます。シャトルを使ってテーブルのおおまかな位置決めを行い、最後にジョグダイヤルを回して微動させ、位置決めを行います。ジョグ/シャトルコントローラは 1 つなので、各軸を操作するために、軸選択のボタンも必要です。ビデオ用のコントローラにはいくつかボタンもついているので、これを軸選択やその他の用途に割り当てることができます。

Mach 3、Mach 4 では、プラグインによってこのコントローラがサポートされます。

5-3　Mach 4 の操作

Mach 4 は、見た目が Windows 8 以降のフラットデザインになっています。内部の構成もかなり変化したので、セットアップの手順などは変わりました。操作体系は、要素のレイアウトなどは変わっていますが、オペレーターから見た基本的な操作はあまり変わっていないので、Mach 3 から移行したとしても、さほど違和感はないでしょう。

5-3-1　Mach 4 の画面構成

Mach 3 と同様に、Mach 4 は複数の画面をタブで切り替える構成ですが、大きく異なる点があります。画面の下 1/3 がすべてのタブで共通しており、G-code ファイルのロードやプログラムの実行、停止、主軸制御、ジョグ操作などがすべてのタブで行えるようになっています。

画面の上側はそれぞれのタブで異なっており、以下のようになっています。

注意：Mach 4 は登場して間もないソフトなので、さまざまな修正や変更が頻繁に行われているようです。ここでは Mach 4 バージョン 2 を使っています。

● [Program Run]

G-code ファイルのロード、プログラムの実行などを行います。

● [MDI]

ユーザーによる G-code の入力と実行を行います。

● [Tool Path]

ツールパスを大きく表示しながらプログラムを実行します。

● [Machine Diagnostics]

インターフェイスの状態の確認できます。

● [Probing]

プローブ機能の設定や確認ができます。プローブ機能は、ツールの代わりにプローブという接触センサーを装着し、それを動かすことで、加工面の寸法や精度を調べる機能です。

● [Offsets]

ワーク座標系のオフセット、ツールオフセットなどの指定と確認ができます。

5-3-2 各タブの共通機能

画面の下 1/3 はすべてのタブで同じで、G-code 処理に関する基本機能が提供されます。

左側は、G-code プログラムの実行を制御します。

Mach 3 では非常停止であるリセット状態を解除すると実行できましたが、Mach 4 では構成が変わり、［Reset］ボタンと［Enable］／［Disable］と表示が変わるボタンになっています（**画面 5-13**）。

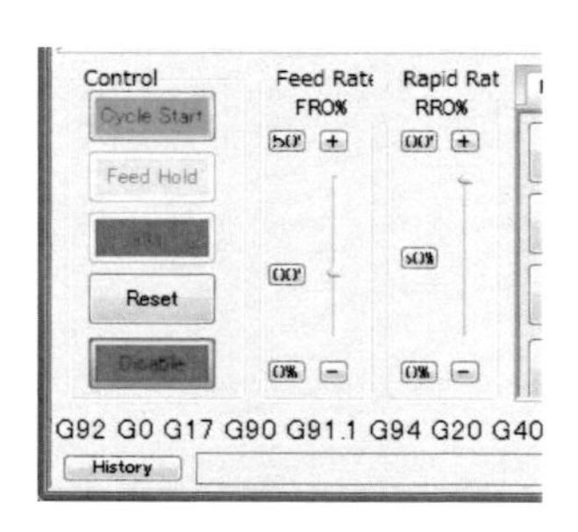

画面 5-13　Mach 4 の［Enable］／［Disable］ボタン

起動直後は［Enable］が点滅していますが、クリックすると点滅が止まり、表示が［Disable］になり、稼働状態になります。ボタンの表示が、イネーブル状態で［Disable］、ディスエーブル状態で［Enable］と、押した後の状態を示していることに注意してください。

イネーブル状態では G-code プログラムを実行できますが、各種の設定などは行えなくなります。設定などを変更するにはディスエーブル状態にする必要があります。

［Reset］で非常停止するという機能、G-code プログラムの実行、送りや主軸の制御とオーバーライド、ツール情報などは、表示は変わっていますが、内容は Mach 3 と同じです（**画面 5-14**）。

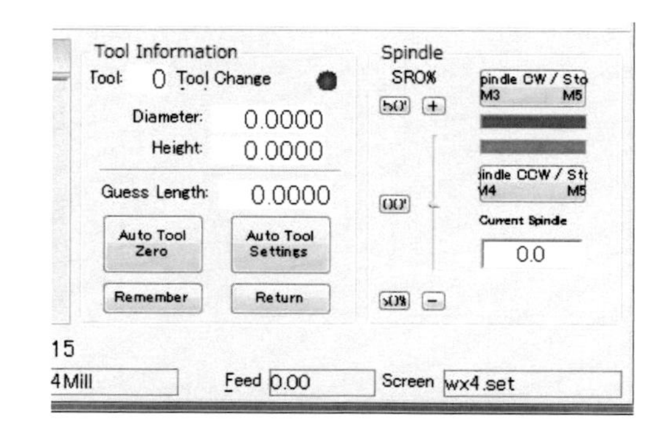

画面 5-14　Mach 4 のツール情報など

中央部分はタブ画面になっています。

● ［File Ops］タブ

G-code ファイルのロード、実行位置の指定などを行います。各ボタンの意味は Mach 3 と同じです（画面 5-15）。

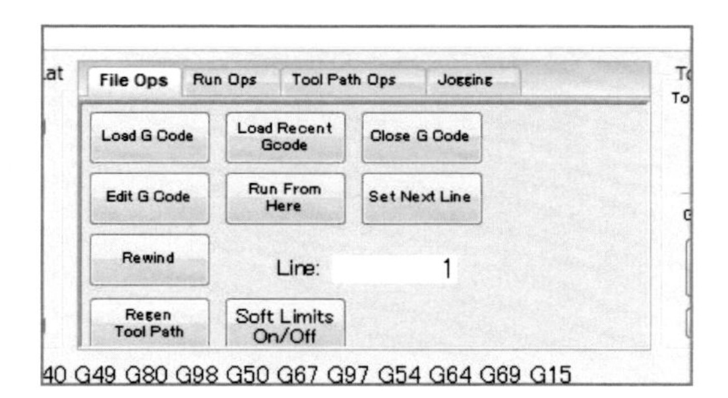

画面 5-15 ［File Ops］タブ

● ［Run Ops］タブ

G-code プログラムの実行時に指定するオプションです（画面 5-16）。

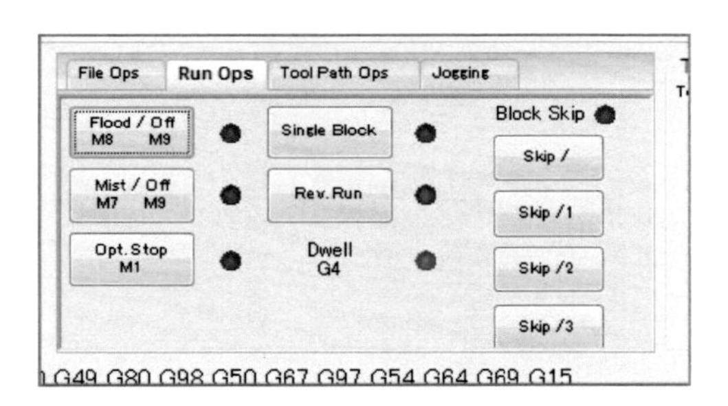

画面 5-16 ［Run Ops］タブ

● ［Toolpath Ops］タブ

ツールパスの表示、再生成などを行います（画面 5-17）。

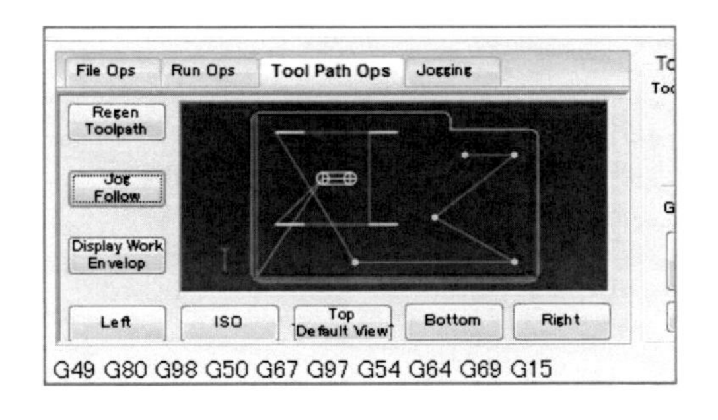

画面 5-17 ［Toolpath Ops］タブ

● ［Jogging］タブ

ジョグ操作を行います（画面 5-18）。

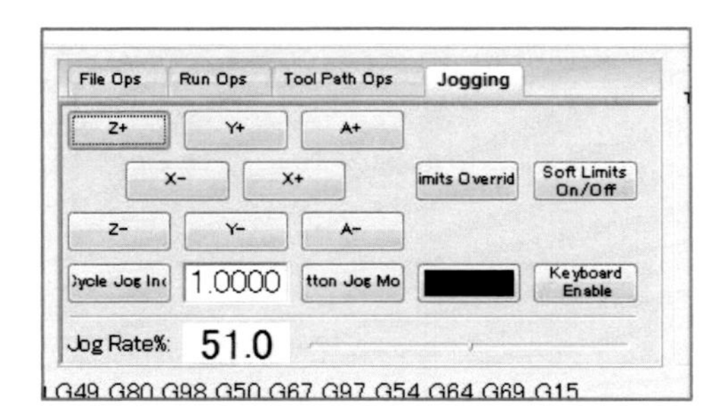

画面 5-18 ［Jogging］タブ

5-3-3 [Program Run] タブ

G-code プログラムを実行するための画面です。左側が G-code プログラムの内容、中央部が座標、右側がツールパスです（画面 5-19）。

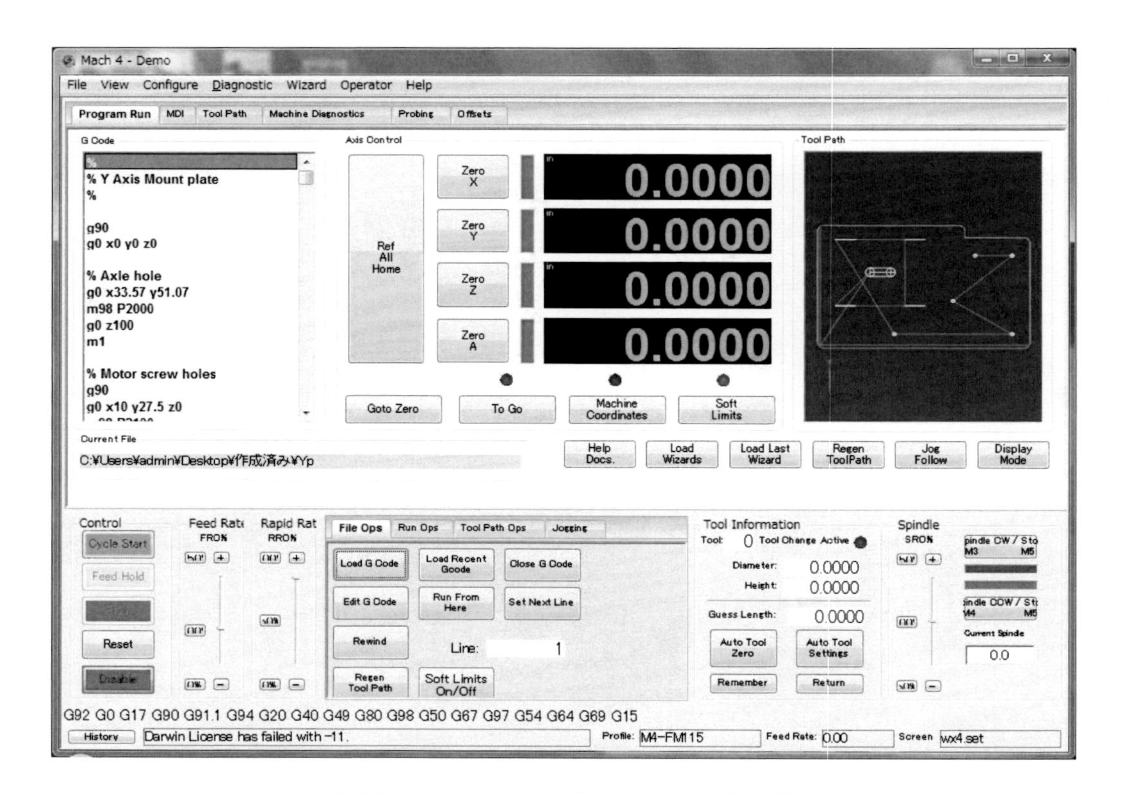

画面 5-19 Mach 4 の［Program Run］タブ

5-3-4 [MDI] タブ

G-code をキーボードから入力し、即座に実行するための画面です（**画面 5-20**）。実行に必要ないくつかの基本機能もこの画面から操作できます。

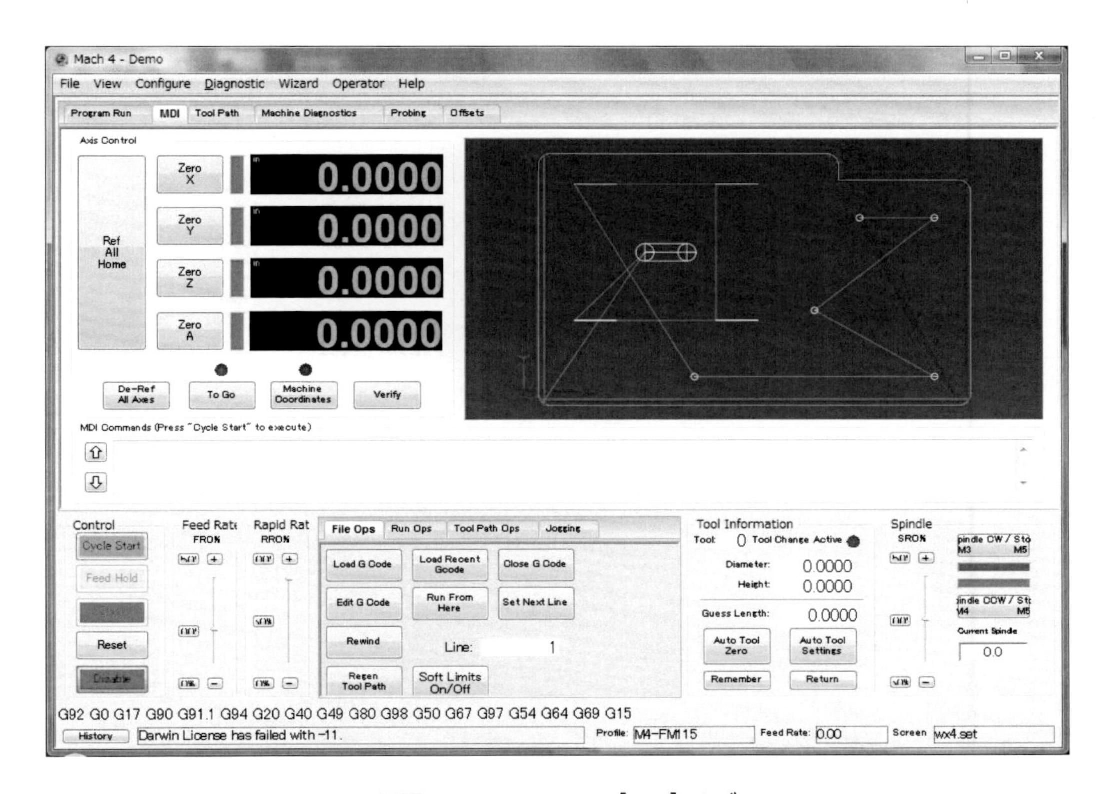

画面 5-20 Mach 4 の［MDI］タブ

5-3-5 [Tool Path] タブ

G-code ファイルによる加工を行う画面です（**画面 5-21**）。プログラム実行以外の機能がない代わりに、[Program Run] タブよりもツールパス画面が大きく、加工内容がわかりやすくなっています。

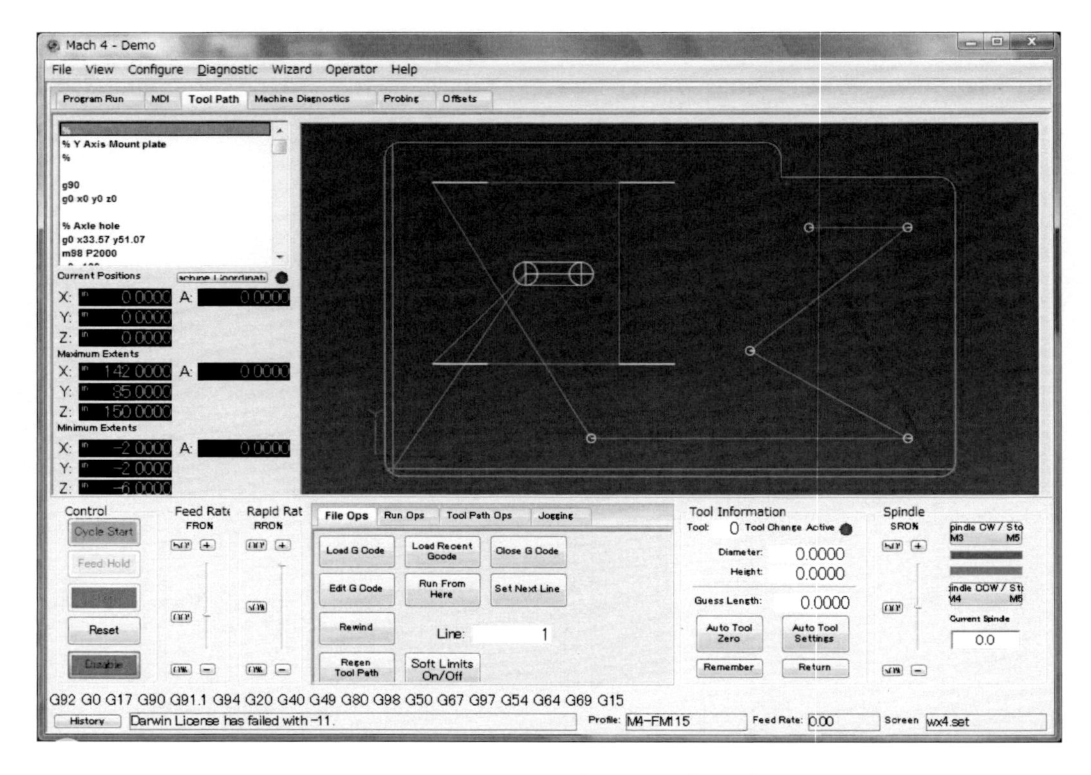

画面 5-21 Mach 4 の [Tool Path] タブ

5-3-6 [Machine Diagnostics] タブ

工作機械とのインターフェイス信号の状態、DRO の値などを確認できます（画面 5-22）。

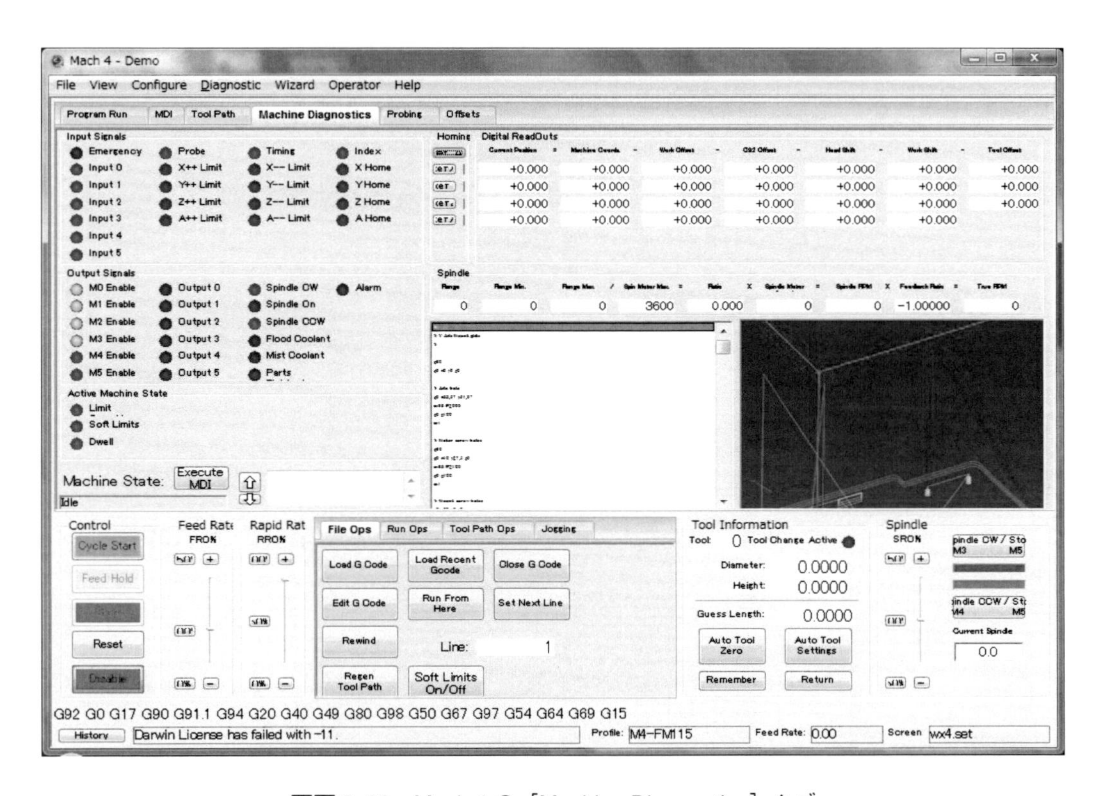

画面 5-22 Mach 4 の［Machine Diagnostics］タブ

5-3-7　[Probing] タブ

プローブというのは、主軸先端にツールの代わりに取り付けるセンサーで、材料との接触を検出します。ツールを動かすのと同じようにプローブを動かし、材料と接触した座標を調べることで、材料の各部の寸法を調べることができます（**画面 5-23**）。

この機能を使うためには、プローブの検出信号を Mach に入力として与える必要があります。

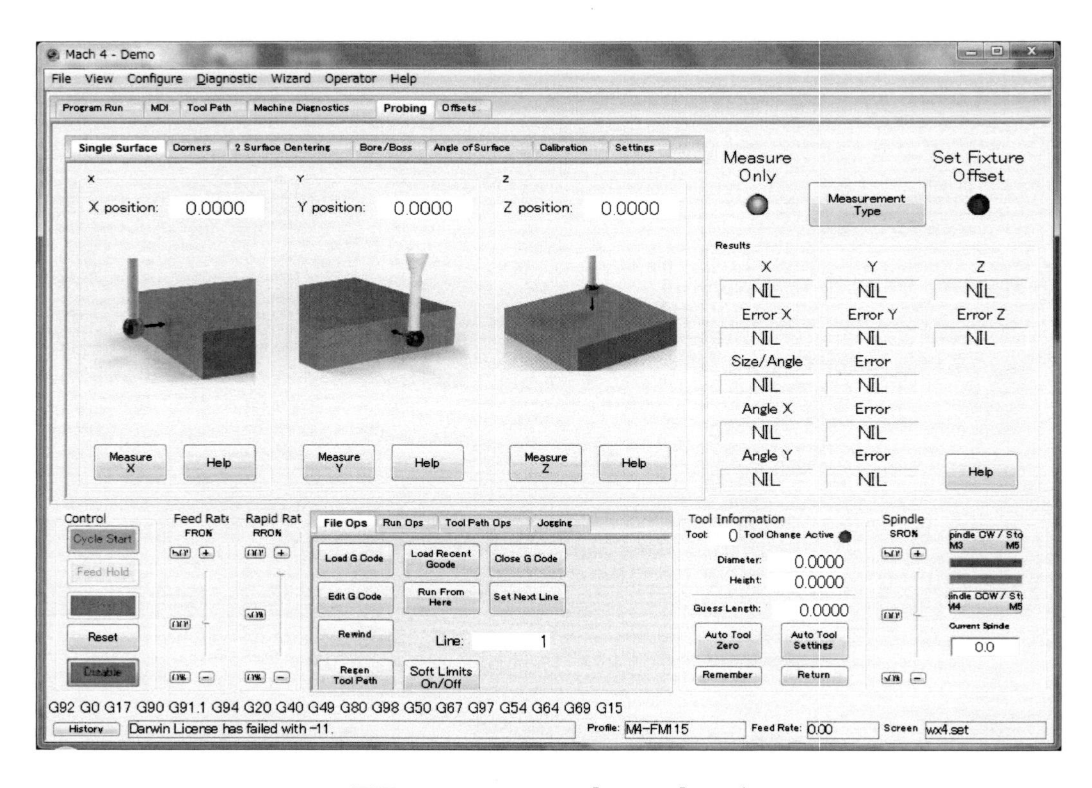

画面 5-23　Mach 4 の［Probing］タブ

5-3-8 [Offsets] タブ

ワーク（フィクスチャ）座標系やツール情報などの設定、確認を行います（画面 5-24）。

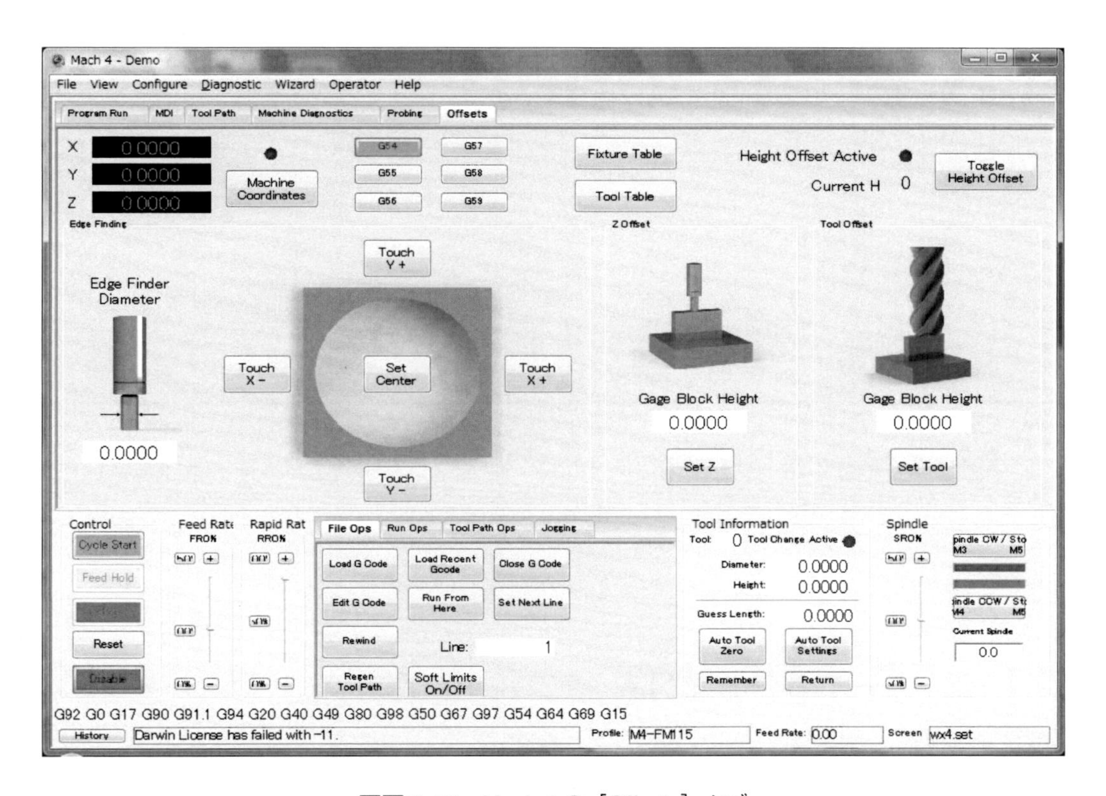

画面 5-24 Mach 4 の［Offsets］タブ

第 6 章　G-code

CNC 工作機械の多くは、G-code というプログラムで制御されます。今回使用しているMach も例外ではなく、何らかの方法で作成されたG-code を読み込み、接続されている工作機械を制御します。

6-1　G-code とは

CNC 工作機械を動かすためには、主軸の回転、テーブルの移動、ツール交換などの制御が必要になります。そのために使われるのが、G-code というプログラム言語です。プログラム言語といっても、コンピュータで何かを行うための処理を記述するのではなく、工作機械に作業をさせるための指示を記述するものです。

G-code は、テキストの形で記述された複数の行から構成されます（G-code では、行のことをブロックと呼びます）。それぞれの行は、パラメータの設定、ツールの移動や各種の制御を指示し、CNC 工作機械システムはこれらの行を順番に解釈し、実行することで、自動的に加工を行います。

G-code は、人間が作成することを考慮しています。今ほど CAD/CAM が一般化していなかった時代には、人間が G-code を書き、それを CNC 工作機械に読み込ませて加工するという形でした。今は CAD/CAM 環境で、設計データから自動的に G-code を生成させるのが一般的です。

次章で説明するように、CAD/CAM ソフトウェアを使って G-code を生成するのであれば、オペレーターは G-code を読んだり書いたりする必要はないので、G-code について知っておく必要はありません。しかし CNC 制御のチェックをしたり、CAM ソフトでサポートされないような加工（例えば、4 軸めの制御など）を行いたい場合は、G-code の知識が必要になります。

G-code は各種工作機械で使用することを想定しており、フライス盤以外にも旋盤やプラズマカッターなどでも利用できます。ここではフライス盤で使う機能を説明します。

6-2 座標系

G-code の基本的な機能は、ツールを指定した位置に移動させながら切削することです。これを実現する上で重要になるのが、位置を指定する座標系です。座標系には、X、Y、Z の 3 つの直線軸で構成される直交座標系と、回転軸が組み合わされた極座標がありますが、CNC フライス盤は、その構造に基づいて直交座標系を使います。つまり、テーブルの前後左右と主軸の上下をそのまま座標で扱うということです。

6-2-1 座標系の基本

G-code では右手系の直交座標系を使います。右手系というのは、X、Y、Z の方向の関係を示すもので、右手の親指、人差し指、中指を直交する 3 方向に広げた時に、親指の向きを X、人差し指の向きを Y、中指の向きを Z の方向とするものです。ベッド型フライス盤の場合、テーブルの左右動が X 軸で右側がプラス方向、前後動が Y 軸で奥側がプラス方向、主軸上下動が Z 軸で上側がプラス方向となります（図 6-1）。

座標値を表すための単位はインチかミリメートルで、システムの初期設定で定められます。ただし G-code プログラム中の指定で、一時的に変更することもできます（G20 でインチ、G21 でミリメートル）。

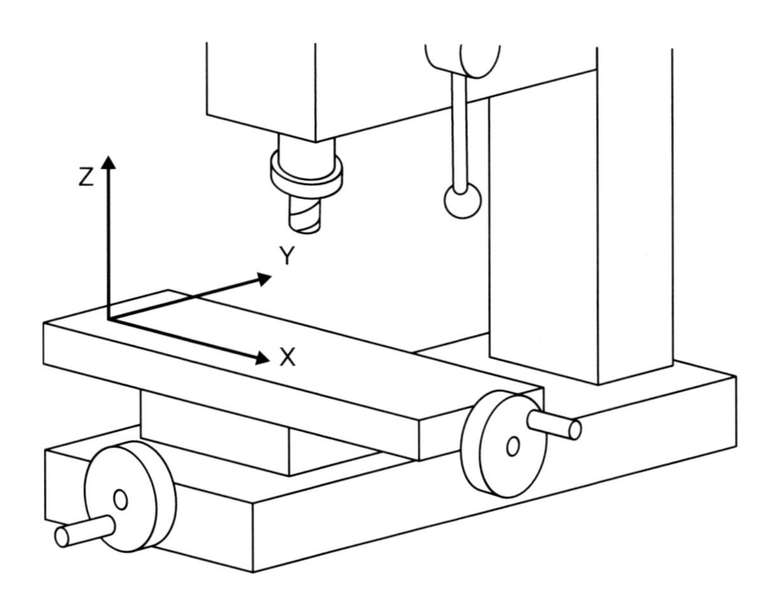

図 6-1 フライス盤の座標系

座標値で示される位置のことを、制御点（コントロールポイント）といいます。制御点は、工作機械のどの部分なのでしょうか？　加工を行うという点で考えれば、制御点はツールの先端の中心部を示すものでしょう。しかしツールごとに大きさが違うので、フライス盤というレベルでみると、ツールではなく、ツールを取り付ける主軸先端部となります。実際に加工を行う際には、ツールの大きさ（ツールオフセット）を加味して制御点をずらしたり、ワーク座標系としてツール先端を基準に座標系を定めることができます。

◎ Column ◎　回転軸

G-code は回転軸の動作を制御することもできます。回転軸は、X 軸、Y 軸、Z 軸と平行な A 軸、B 軸、C 軸の 3 軸がサポートされます（図 6-2）。回転動作は、軸の正の方向から見て反時計回りに、度単位で示されます。つまり X 軸と平行な A 軸であれば、（X 軸は右側が正なので）フライス盤の向かって右側から見て、反時計回りの方向が正の回転方向となります。角度は 360 度で 1 回転ですが、指定する角度に値の範囲の制限はなく、例えば 720 度と指定すれば、軸が 2 回転という意味になります。ただしテーブルの傾斜など、機構上の制限による回転範囲の限界はあります。

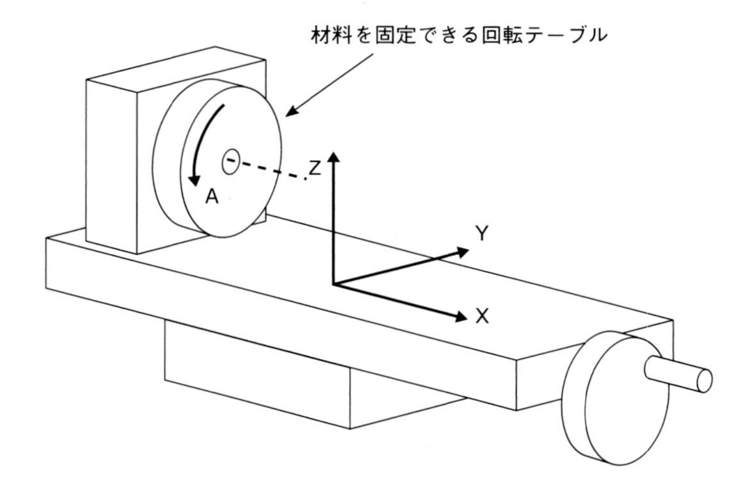

図 6-2　回転軸

G-code の移動コマンドでは、X、Y、Z の直線移動に、回転を組み合わせた移動も指定できますが、座標の変化は非常に複雑になります。

基本的なフライス盤の場合、回転軸は持たないので、本章では回転軸の制御については触れません。

6-2-2 絶対座標系

絶対座標系あるいは機械座標系は、その工作機械のテーブルの位置や主軸端の位置を絶対的に表すものです。つまり、変更することのできない座標系です。

絶対座標系には、適当な位置に原点 (0, 0, 0) がありますが、これは機械ごとに定められます。例えばX軸なら中央を0にするか、左端を0にするでしょう。

一般的な工作機械の場合、位置センサーに基づいて絶対座標が定まります。例えば制御装置側で値を読み取れるDRO（Digital Read Out）が備えられていれば、その読取値から絶対座標を得ることができます。DROがなくてもホームスイッチやリミットスイッチがあれば、システムを起動した後、そのスイッチが作動するまでテーブルなどを動かすことで、絶対座標を確定させることができます。

DROやリミットスイッチ類がないと、システムが自身で絶対座標を確定させることができません。このような機器では、オペレーターが機器を手動操作し、適当な原点位置に移動させてから、制御ソフト側の座標値をリセットするという作業が必要になります。この場合、機器固有の変更できない座標系という条件は満たさないことになります。

絶対座標の重要な用途の1つは、テーブル類の動作範囲をチェックすることです。絶対座標で動作範囲を認識していれば、限界位置を超えて動かないように制御できます。Machでは、リミットスイッチやDROの有無とは関係なく、座標値に基づいてテーブルと主軸ヘッドの動作範囲を設定できます。これをソフトリミットといいます（**画面6-1**）。これを設定しておくと、加工中にこの範囲を超えるとエラーと判定されて停止します。

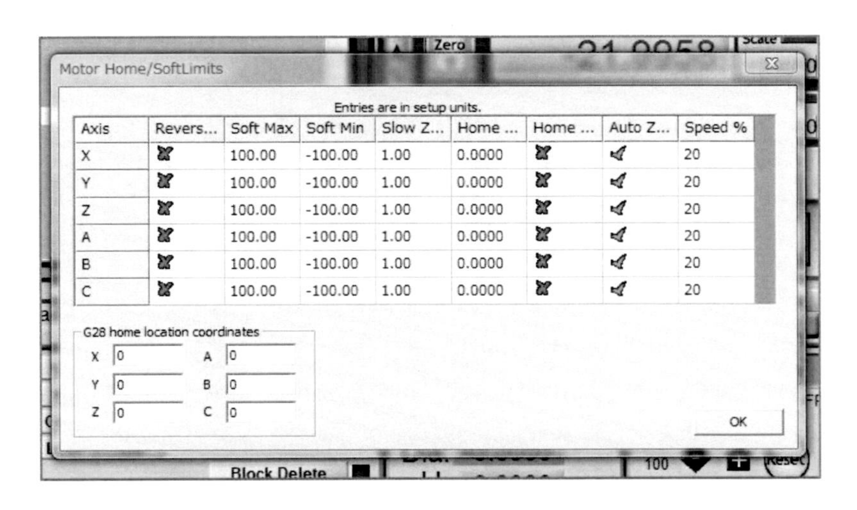

画面6-1　Mach 3のリミットの指定

6-2-3 ワーク座標系

実際の加工の際には、絶対座標系を適当にオフセット（平行移動）させた座標系、つまり原点位置を別の場所にずらした座標系を使い、ツールの位置などを制御します。これをワーク座標系やフィクスチャ座標系（フィクスチャは固定具、あるいは据え付けられたもの（材料）という意味があります）といいます（図 6-3）。

加工の際には、材料を何らかの固定具で固定し、主軸端から飛び出しているツールで切削します。つまり材料が固定されている位置やツールの大きさを加味して、切削する座標を指定しなければならないということです。そこで固定具やツールを使った状態で、オペレーターにとってわかりやすい座標系を定め、G-code プログラムではその座標値を使うのです。

例えばテーブル上に固定した直方体の材料を、コレットに取り付けたエンドミルで切削するのであれば、エンドミル先端が材料の表面に触れる位置を Z 軸の原点、材料の左手前の角を X 軸と Y 軸の原点とするとわかりやすいでしょう。このように指定すると、X、Y は材料上の横、縦の位置、負の Z 値は材料に切り込む深さになります。

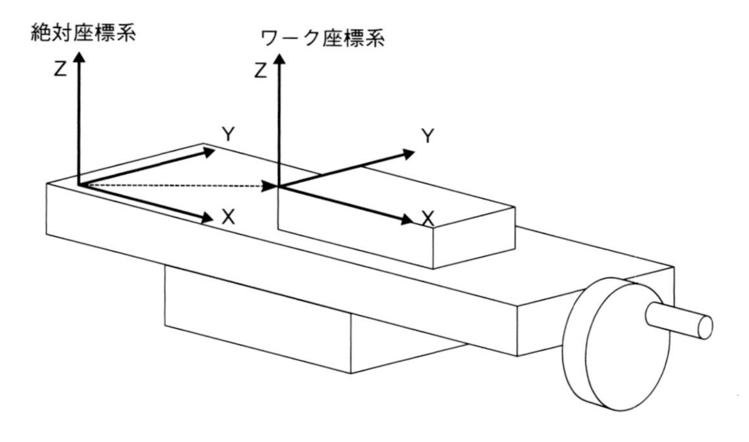

図 6-3 材料上のワーク座標系

ワーク座標系は絶対座標系に対するオフセット（平行移動）という形で表されます。例えばテーブルの移動範囲の手前左側の隅が X 軸、Y 軸の原点、テーブル表面に主軸端が接する位置が Z 軸の原点という絶対座標系の機器で、左から 200mm、手前から 50mm の位置に材料を置き、材料表面の高さが 30mm、ツールの突き出し量が 50mm であったとすれば、絶対座標系に対するそのワーク座標系のオフセットは (200, 50, 80) となります。

ワーク座標系は事前に複数定義しておくことができ、G54 から G59 を使ってその中から 1 つを選ぶことができます。またパラメータ指定で、より多くのプリセット値の中から選択することもできます。さらに値を指定して、一時的にオフセットを変更するコマンド（G52、G92）もあります。

6-2-4　ツールオフセット

エンドミルなどのツールを主軸に取り付けると、その刃先の位置は、主軸先端から数十ミリメートル下の位置になります。使用するツールが変われば、刃先の位置が変わります。これは、加工の途中でツールを変える場合に問題になります。ツールの飛び出し量の違いにより切削位置が変わってしまうため、ツールごとに座標値を修正しなければならないのです。具体的にはツールを変えたら、ワーク座標系のZ軸の原点を設定し直さなければなりません。

この問題を解決するために、ツールオフセットを指定できます（図6-4）。これは主軸端からツール先端までの長さを登録することで、指定した座標にちょうど刃先が来るように、Z軸座標を補正する機能です。ツールオフセットは複数登録しておくことができ、ツールを変えるごとに使用するツールオフセットを切り替えることで、一貫した座標指定で加工を行うことができます（G10、G43、G44、G49）。

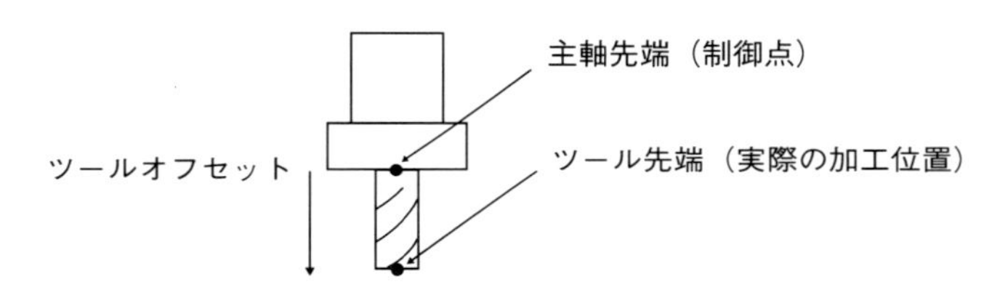

図6-4　ツールオフセット

また、ツール半径も考慮できます。輪郭線に沿って切削を行う場合、ツールの半径分だけずらした位置で切削しなければなりません。事前にツール半径を設定しておき、切削時にツールの位置をツールパスの右か左に半径分だけずらすという指定ができます（G40からG42）（図6-5）。ただし、すべての切削加工でこの指定ができるわけではないので、使用に際しては注意が必要です。

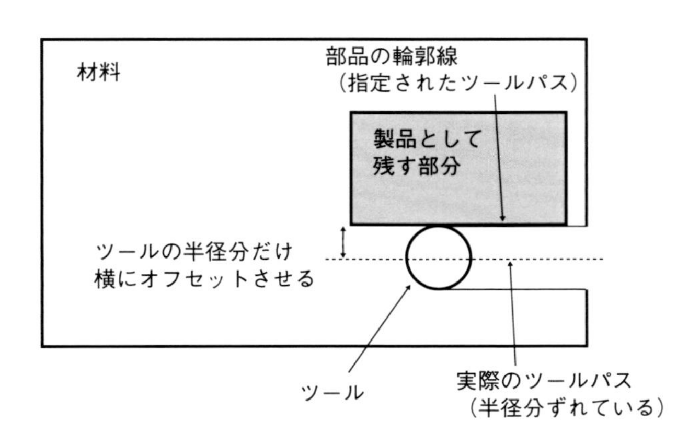

図6-5　ツール半径の補正

6-2-5 面指定

ツールの移動の指示には、2 次元平面を想定しているものがあります。例えば円弧の移動指示は、その円弧が含まれる平面を指定しておく必要があります。これは任意の平面を指定できるわけではなく、X 軸と Y 軸に平行な水平面、Y 軸と Z 軸に平行な前後方向の垂直面、X 軸と Z 軸に平行な左右方向の垂直面の 3 種類のどれかです。これらを XY 平面、YZ 平面、XZ 平面といいます（図 6-6）。

G-code プログラムではこの 3 種のうちの 1 つを事前に選択しておき、平面に依存するコマンドは、その時点で選択されている平面に基づいて移動動作を行います（G17 から G19）。

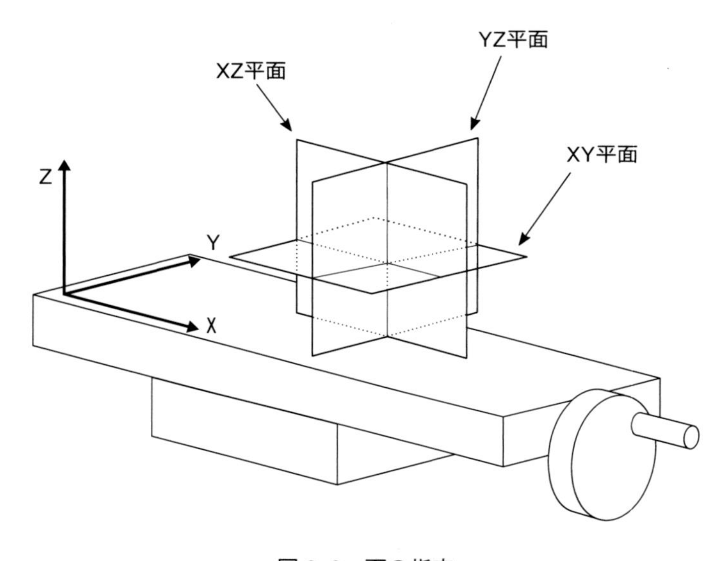

図 6-6　面の指定

6-2-6 座標系の変換

加工を行う際に、指定された座標値を適当な方法で変換できます。

座標系の各軸に、適当な倍率（スケール）を適用することができます。例えばすべての座標値を 0.5 倍すれば、プログラムで指定されたサイズの半分の大きさの部品を作ることができます。1 つの軸だけ-1 倍すれば、鏡像反転した部品を作れますし、縦横比の変更などもできます（G50、G51）。これは G-code プログラム内で指定することもできますし、Mach の操作画面上で指定することもできます。

座標系を回転させることもできます。軸と回転角度を指定することで、X、Y、Z の直交座標系全体を傾けることができます。水平面での回転は、同じ処理を円周上に並べて行うといった用途に使えます。垂直面で座標回転を行えば、一部分だけある角度傾けた形状の部品を作ることなども可能ですが、実際にはツールの太さなども加味しなければならないので、簡単な作業ではありません。

座標変換は用途によっては便利ですが、思わぬ波及効果が現れることもあるので、使用に際して細かな検証が必要です。CAD/CAM ソフトを使う場合は、G-code 側で座標変換を行うのではなく、CAD ソフト側で必要な処理を行った制御データを作成することができます。つまり出力された G-code は、すべてこれらの変換が行われた後の状態の座標で表されるということです。

6-3 行の形式

G-code プログラムは、テキスト形式で記述された行（ブロック）から構成されます。行はコメント指定、ブロックデリート指定、いくつかのワードなどから構成され、終端文字（改行文字）で終了します。見やすいように、行中に空白文字を入れることができます。

典型的な行は、次のような形になります。これは、現在位置から座標 (100, 100, 100) まで分速 300mm で直線移動するという指示です。先頭の N で始まるワードは行番号を表します。

```
N1010 G1 X100 Y100 Z100 F300 改行
```

6-3-1 ワードと数値

ワードは英字 1 文字とそれに続く数値や式からなり、実行するコマンドを示すもの、実行に際して必要なパラメータを示すもの、プログラムの制御を行うものなどがあります。代表的なワードの英文字の意味を表に示します。

ワードの意味については、本章内と付録で解説します。

ワード	意味
A	機器の A 軸
B	機器の B 軸
C	機器の C 軸
F	フィードレート
G	一般機能
I	円弧の中心の X 軸オフセット
J	円弧の中心の Y 軸オフセット
K	円弧の中心の Z 軸オフセット
M	各種の機能
N	行番号
R	円弧の半径
S	主軸速度

X	機器のX軸
Y	機器のY軸
Z	機器のZ軸

表6-1　主要なワードの意味

英文字の後には、それぞれの文字に応じて、コマンドの番号、座標値、各種パラメータを数値で指定します。例えばX座標を示すXの後には座標値が指定され、各種機能を指定するGの後には、個々の機能を示す番号が指定されます。これらの値の意味は先行する文字によって変わりますが、記述の規則は共通です。

X100 Y120　………　X座標とY座標を指定
G0　………　切削を伴わない高速移動

ワード文字の後には、正負の整数や小数（小数点を含む数値）、それらを演算子や関数で組み合わせた式を指定できます。次のXワードは、cos関数を含む計算式によってX座標を指定しています（使用可能な演算子や関数についてはMachのドキュメントを参照してください）。

X100+50*COS[45]

さらにG-codeでは、メモリ中に数値を収め、変数として扱うことができます。メモリは番号で指定され、Machでは1から10320の範囲（一部の変数はシステムによって用途が予約されています）です。メモリへの代入、参照は、#文字の後にメモリの番号を指定します。

#200=123　………　変数（200）に値を代入

G0 X#200 Y#201　………　変数の内容を参照（変数200と201で示される座標に移動）

式や変数は、CAMソフトを使ってG-codeを生成する場合はほとんど必要ありませんが、自分でG-codeを書く際には便利に使えます。

6-3-2　行番号

G-code プログラムの各行に、行番号を付けることができます。行番号は N ワードで指定し、N に続けて行番号を示す数値を置きます。

行番号を行頭に置けば、プログラムが見やすくなります。行番号はプログラム上で意味を持つものではなく、人間が見る際にわかりやすくするためのものです。

6-3-3　ブロックデリート

行頭に置いた文字/は、ブロックデリートを制御します。ブロックデリート行は、操作画面のブロックデリートスイッチの指定で実行が制御されます。スイッチがオンの場合、この行は実行されません。オフだと実行されます。

作業の内容によって実行したり実行しなかったりする行がある場合や、テストと本番でパラメータを変える場合、デバッグなどに使うことができます。

6-3-4　コメントとメッセージ

G-code プログラム中に、コメントを記入できます。コメントは、人間が G-code を記述する際の注釈として便利に利用できます。また Mach で実行する際には G-code が画面に表示されているので、コメントも同時に表示されます。ただし Mach では日本語の表示はサポートされていません。

コメントには以下の形式があります。

●行頭に文字%を置くと、その行はすべてコメントとして扱われます。

●行頭か行中に文字//を置くと、そこから行末までの部分がコメントとして扱われます。

●丸カッコ (と) に囲まれた部分はコメントとして扱われます。

コメントとは別に特定の文字列を Mach の画面に表示するメッセージ機能があります。丸カッコの中のコメント文字列が"MSG,"で始まっていると、そのコメント文字列がメッセージとして表示されます（**画面 6-2**）。これは、現在の状態の表示や、プログラムが一時停止する際のプロンプトメッセージなどに使えます。

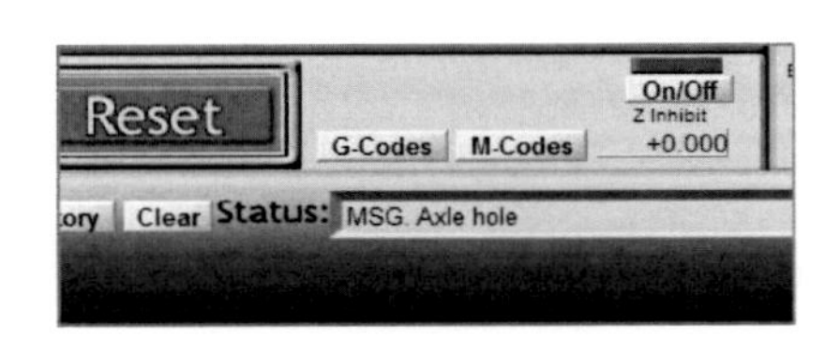

画面 6-2　メッセージが表示された画面

6-3-5　ファイルの形式

G-code のプログラムはテキストファイルの形で保存されます。つまりユーザーは「メモ帳」などの適当なテキストエディタを使って、G-code ファイルを作成できます。また CAM ソフトもテキストファイルとして出力するので、出力結果をテキストエディタで調べたり、修正できます。

Windows では、テキストファイルの拡張子は.txt ですが、Mach は特に拡張子を指定していません。CAM ソフトが何らかの拡張子を付けてファイル出力するのであればそれを使えばよいし、あるいは.txt のままでも構いません。.txt 以外では、.tap という拡張子がしばしば使われるようです。ファイルの拡張子が.txt 以外の場合、メモ帳やテキストエディタでファイルを開くには、右クリックでプログラムを指定する、エディタ側で使用する拡張子を設定するなどの操作が必要になります。

6-4　G-code の機能

G-code の目的は、接続された工作機械を制御することです。G-code はツールの移動、主軸の回転といった基本動作を指示し、さらに付加的な指定を行えます。CAD で設計し、その設計データを CAM ソフトで G-code に変換するのであれば、G-code をまったく見ることなく済ますこともできます。しかし基本的な G-code を知っていれば、ちょっとした自動動作や、CAM ソフトで対応できない加工の指示などができます。また最初のセットアップ時の動作確認などは、G-code を直接与えて確認することになります。

ここでは G-code の基本的な機能を簡単にまとめておきます。

◎ Column ◎　処理系の違い

G-code は ISO、JIS でも規定されている共通規格なので、基本的な部分はすべての工作機械や関連ソフトウェアで互換性があります。しかし細かな部分で相違や制限があったり、工作機械の使い勝手を向上させるために、固有の機能が追加されていることが珍しくありません。

基本的な移動、直線や円弧の切削などでは違いはありませんが、固定サイクルのように複雑で複合的な動作を行うものには、機能の有無、微妙な仕様差がある場合があるので、マニュアル類を慎重にチェックしなければなりません。一般に CAM ソフトは、G-code の複雑な機能は使わず、基本的なコマンドだけで処理するか、あるいは G-code を生成する際に、処理系（制御ソフトや工作機械の形式）を指定するので、これらが問題になることはほとんどないでしょう。

本書では、Mach ソフトウェアの仕様に基づいて解説します。

6-4-1　制御点

G-code では座標を指定しますが、この座標によって示される位置を制御点といいます。通常、制御点は主軸先端の中心位置となります。前述のツールオフセットは、制御点の位置を Z 軸上でずらすという働きがあります。

6-4-2　現在位置

G-code の移動コマンドの多くは、現在位置から動作を始めるという形になっています。移動コマンドは移動の終点座標のみを指定し、始点は指定しません。つまり現在位置が暗黙の始点として扱われるということです。移動が完了すると、その時点での位置が現在位置となり、次の移動の暗黙の始点となります。

システムの起動直後などは、Mach が想定している現在位置と工作機械の座標状態が一致していない場合があるので、最初にこれを一致させておく必要があります。

6-4-3　絶対指定と相対指定

G-code の座標指定には、絶対指定と相対指定があります。絶対指定は、位置を現在の座標系上（選択されているワーク座標系か絶対座標系）の座標値を使って指定します。相対指定は、現在位置からどれだけ移動した位置かを指定します。ここでいう絶対指定は、機器の絶対座標系のことではないので注意してください。

●G90

　絶対座標を指定します。

●G91

　相対座標を指定します。

これらはモーダルコマンド（後述）なので、一度指定すれば、以後その状態が継続されます。

座標は X、Y、Z ワードで指定します。それぞれの文字に続く数値が、各軸の座標値として扱われます。X、Y、Z の指定は任意で、指定しなかった場合は、その軸の座標値は現在位置の値のままとなります。

```
G90
G0 X100 Y100 Z100   ………  現在位置から (100,100,100) に高速移動
G91
```

G0 X20 ……… (120,100,100) に高速移動

円弧の中心の指定などは、X、Y、Z ではなく I、J、K で指定します。これらはこのコマンドによる相対／絶対指定の影響は受けず、別のコマンドで相対／絶対の指定がなされます。

6-4-4 モーダルグループ

G-code を実行する時は、コマンドのパラメータとして座標や速度など、さまざまな情報を与えます。これらの情報や、プログラムの内部状態などには、継続的なものがあります。つまり一度指定されると、明示的に別の値や状態に変更されるまで、その内容が有効であり続けるというものです。このような指定を行うコマンドをモーダルコマンドといいます。例えば平面の設定や座標系の選択などは、明示的に変更されるまでずっと有効なので、モーダルコマンドとなります。

モーダルコマンドはモーダルグループに分けられます。このグループは何らかの属性に基づいて定められるものです。例えば座標系という観点でまとめられたグループや、選択平面の指定のグループなどがあります。あるグループに属するコマンドはそのグループの属性を定義し、グループ内の別のコマンドが実行されるまで、その属性が継続します。

モーダルグループの詳細については、Mach のドキュメントなどを参照してください。

6-4-5 G ワード

G ワードは、ツールの移動、つまり実際の切削加工の指定や、座標系などに関連する設定を行います。動作や設定の内容により、必要なパラメータは変わります。G ワードの意味とパラメータについては付録にもまとめてあります。ここでは代表的なものをいくつか紹介します。

■高速移動 —— G0

切削を行わず、ツールを移動させる操作です。切削を伴わないので、F コマンドによる速度指定は関係なく、最高速度で移動します。

■直線移動 —— G1

加工においてもっとも重要な機能が、切削しながらツールを移動させることです。G1 は、後述する F コマンドで指定された速度で、指定された終点座標まで直線移動します。

G1 X100 Y200 F300 ……… 分速 300mm で (100, 200) まで移動

■円弧移動 –– G2、G3

G-code では、円弧の切削を指定できます。円弧は中心座標か半径で指定します。そして始点（現在位置）から終点まで移動します（図 6-7）。G2 は時計回り、G3 は反時計回りの移動になります。半径指定か中心指定かは、一緒に与えられるパラメータにより判断されます。R ワードが指定されていれば、その値を半径として動作します。I、J、K ワードが指定されている場合は、それらが中心の X、Y、Z 座標値となり、中心指定の動作となります。

```
G2 X100 Y100 R50
G3 X100 Y100 I0 J0
```

円弧移動は選択平面上で行われます。例えば XY 平面が指定されているなら、水平面上の円弧となります。この時、Z 軸の移動も伴う場合は、移動の軌跡は螺旋になります。

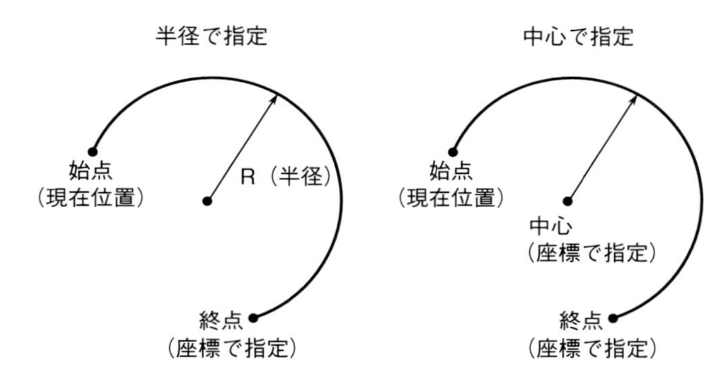

図 6-7　円弧の切削

■一時停止 –– G4

P ワードで指定した時間（秒かミリ秒）だけ、移動を停止します。このような一時停止をドウェルといいます。

■円切削 –– G12、G13

現在位置を中心とし、切削しながら半径分だけ移動して円周を一回りし、再び中心に戻ります。これにより、エンドミルより直径の大きな丸穴の切削を行えます。Mach 4 では直径を変えながら円切削を繰り返すことができます。

■固定サイクル

固定サイクルは、加工を行うために必要な一連の動き、具体的にはツールの移動や主軸の回転の制御を、1 つの G コマンドで実行できるようにしたものです。

例えば穴あけ加工であれば、目的の深さに達するまで、ドリルを少し下げる、ドリルを上げるといった動きを繰り返し、キリコが長くなりすぎないようにします。この動作は通常の移動コマンドをいくつも並べれば実現できますが、頻繁に使われる動作なので、1 つのコマンドにいくつかの必要なパラメータを指定し、実行できるようにしているのです。

固定サイクルにはさまざまな動作を行うものがありますが、すべての工作機械がすべての固定サイクルをサポートしているわけではなく、また似たような機能でも、機種によって動作が違うことなどもあります。

Mach でサポートされている固定サイクルの詳細な動作やパラメータの指定については、Mach のドキュメントを参照してください。

■パスコントロールモード

パスコントロールモードとは、連続する切削パスの境界点での移動方法です。これには完全停止モード（G61）と定速モード（G64）があります（図 6-8）。

完全停止モードは、それぞれのパスの終点で移動が完全に停止します。そのため停止直前に減速し、次の移動の開始時には加速します。定速モードは、ツールの移動方向が変化する際に、なるべく移動速度を落とさないように経路を定めます。そのため方向を変える際にはツールが曲線の移動経路をとります。

完全停止モードでは、方向が変わるたびにツールが減速、停止、加速するので、定速モードよりも所要時間が長くなります。一方定速モードは、方向を変える時にカーブを描くので、パスが鋭角につながる部分の角がちょっと丸くなります。

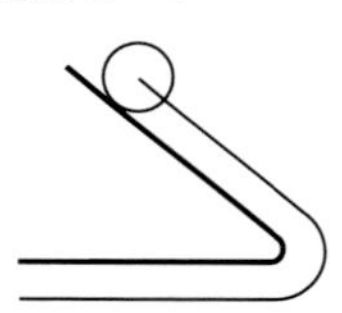

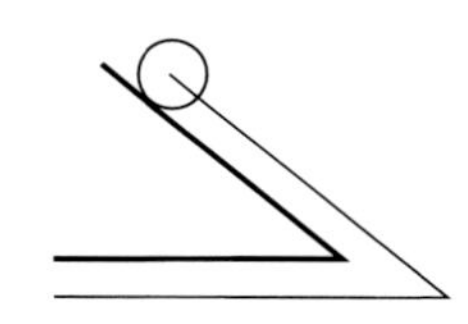

図 6-8　パスコントロールモード

6-4-6　移動速度の指定　－－　F ワード

切削しながら移動する場合、エンドミルの太さ、切り込み深さ、回転速度、ツールや材料の材質に応じて、ツールの移動速度を調整する必要があります。切削を伴う移動を行うコマンドでは、切削を適切に行うために移動速度を指定します。F に続けて分速で移動速度を指定します。移動コマンドで F が指定されていない場合は、直前に指定された値が使用されます。

G1 X100 Y100 Z100 F200　………　(100,100,100) まで、分速 200mm で移動

6-4-7　主軸の制御

主軸の回転のオン/オフ、回転速度、回転方向を指定できます。また、主軸の回転角度まで細かく制御できる工作機械であれば、固定サイクルを使ってネジ切り加工などを行うこともできます。

主軸の制御は M ワードと S ワードで行います。

ワード	意味
M3	時計回りに回転
M4	反時計回りに回転
M5	回転停止
S	回転速度を指定

表 6-2　主軸の制御

6-4-8　プログラムの制御

G-code のコマンドには、機器の制御ではなく、プログラムの動作を制御するものもあります。プログラムの制御機能としては、プログラムの停止、サブルーチンの定義と呼び出しがあります。

■停止と再開

ファイルの末尾までプログラムを実行すると、処理は自動的に停止しますが、末尾以外でもプログラムを停止できます。プログラムの停止は M ワードで行います。

ワード	意味
M0	プログラムストップ
M1	オプショナルプログラムストップ
M2	プログラム終了
M30	プログラムを終了し、リワインド
M47	プログラムを最初の行から実行

表 6-3 プログラムの停止

オプショナルプログラムストップというのは、Mach の制御パネルで［M1 Optional Stop］がオンになっている時のみ停止し、オフの場合は停止しないという機能です。

M30 以外で停止した場合は、［Cycle Start］をクリックすると停止した行の次の行から実行を再開します。M30 の場合は先頭から実行を始めます。M30 の場合は、Mach の設定に応じて、一部のパラメータが初期化されてから実行が開始されます。

■サブルーチン

G-code では、サブルーチンを定義できます。一連の処理を繰り返す際に、その処理を繰り返し記述する代わりに、サブルーチンを使って 1 箇所に書いたコードを繰り返し呼び出して利用できます。

同じ処理であっても、毎回座標やその他のパラメータが違う場合は、ちょっと工夫が必要です。座標を相対座標で指定する、変数の値を参照するといった形でコードを記述することになるでしょう。

サブルーチンは O ワードで始まり、M99 で終わります。O ワードで指定するサブルーチン番号は個々のサブルーチンを識別するものなので、ファイル中で一意でなければなりません。サブルーチンの呼び出しは M98 で行います。サブルーチン処理を行い、M99 に到達すると、呼び出した行の次の行に分岐します。つまりサブルーチンからリターンします。サブルーチン呼び出し時には、サブルーチンの番号（P ワード）、呼び出し回数（L ワード）を指定します。

G-code プログラムは先頭から実行されるので、サブルーチンはプログラムの最後に記述します。またプログラムのメインの流れからそのままサブルーチンのコードを実行してしまわないように、メイン部の最後にはプログラムの終了を示す M2、M47 などのコードを置く必要があります。

第7章 CADソフトとCAMソフト

前章で解説したG-codeを自分で記述すれば、それをMachなどの制御ソフトウェアに与え、工作機械を自動制御して材料の加工を行うことができます。G-codeはテキスト形式で表現され、よく使われる操作は固定サイクルの形で提供されており、サブルーチンや変数のサポートなどもあります。そのため習熟すれば、かなり複雑な加工であっても手作業でプログラムを作成できます。

しかし現在は、人力でG-codeを書くことはあまりなく、CAD/CAMソフトウェアを使って生成するのが一般的です。

7-1 CAD

CADはComputer Aided Designの略で、コンピュータ支援設計という意味です。つまりコンピュータを使って、いろいろなものを設計することです。そして設計を支援する各種ソフトウェアのことをCADソフトといいます。例えば設計図の作成、強度の計算やシミュレーションなど、設計に関連する各種の作業全般が含まれます。

CADという言葉には、より狭い意味での用法もあります。おもに設計作業の中の作図作業、つまり図面の作成という意味です。アマチュアのCNC作業では、おもに図面データの作成という意味でCADという言葉が使われています。ここでは、図面や部品の形状データの作成という面に着目して、CADソフトウェアについて簡単に紹介します。

CNC加工のためにCADを使う場合、2次元の平面としての設計と、3次元の立体としての設計があります。2次元データを扱うものを2D CAD、3次元データを扱うものを3D CADといいます。

7-1-1　2D CAD

もっとも基本となるのが、2 次元（2D）の図面作成です。2 次元なので縦と横しかなく、高さ方向の情報は持ちません。コンピュータを使った 2 次元の図面の作成は昔から行われており、建築土木や機械設計などの業務で使うための商用 CAD ソフトウェアが数多くあります。これらは機能も多く高価ですが、それに対し機能を絞り、無料で、あるいは安価に提供されている 2D CAD ソフトウェアもいくつかあります。アマチュアが使う場合、特にこだわりがなければ、この種のソフトウェアを使うことになるでしょう。

本格的な機械設計の場合、目的の製品全体、そしてそれを構成するすべての部品を CAD で設計し、作図することになりますが、アマチュアの加工の場合、作るものの規模も小さく、部品単位の作図で済んでしまうことも多いでしょう。そのような使い方であれば、機能が限られていても、特に不自由なく使うことができます。

■基本的な機能

2D CAD ソフトは、昔ながらの紙上での製図を、コンピュータの画面上で行えるようにしたソフトウェアです。図面は基本的に線によって描かれるので、CAD ソフトは線を描くさまざまな機能を備えています。また製図において寸法は重要な要素なので、これを数値できちんと指定し、それを適切に表示できるようになっています。デザイン分野で広く使われているドロー系ツールの多くは、位置や大きさをマウスで感覚的に指定する操作が基本ですが、CAD は数値を指定して、あるいは表示される数値を見ながら作図する形になります。

2D CAD ソフトの基本的な機能をいくつか挙げておきます。

●基本的な線の作図

直線、円／円弧／楕円、スプラインなどの曲線を描画します。各種の線は、始点、終点、中心、角度、制御点など、その線を表すために必要なパラメータをマウスで指定したり座標値などで入力して描画します。また、接線、平行線、直交線など、幾何学的な属性を持つ線の指定も簡単にできるようになっています。

●線の属性

線の太さ、線種（実線、点線、破線など）、矢印などの指定ができます。また寸法線、補助線といった付加的な線の描画も行えます。

●文字や記号

寸法や説明などの情報、製図で必要になる各種の記号を描画できます。

●グループ化

複数の線や記号など、いくつかの要素をグループ化し、それらをまとめて1つのオブジェクトとして扱うことができます。グループ化されたオブジェクトをさらにまとめてグループ化したり、グループを解除することもできます。

●各種編集操作

線や記号などの要素、あるいはグループ化されたオブジェクトを編集できます。基本的な操作として、移動、削除、コピーなどを行えます。全体的、あるいは部分的な変更を伴う操作として、拡大/縮小、回転、変形などが可能です。

■レイヤ

レイヤは層という意味です。2D CADソフトは、1枚の図面を複数のレイヤの集まりとして表すことができます。それぞれのレイヤに任意の作図を行うことができ、レイヤを重ねると、各レイヤに描かれた図がすべて重ねて表示されます（図7-1）。またレイヤを個別に表示したり、ファイル出力、印刷できます。

一般的な用法は、作図する対象の属性ごとにレイヤを分けるというものです。例えば部品の輪郭を作図するレイヤ、寸法線や注釈などを作図するレイヤなどです。また作図対象の個々の部品や建物などの構成要素も、別のレイヤに分けることができます。建物であれば、基礎、躯体、配管や配線などでレイヤを分ければ、作図、管理、修正などを楽に行えます。あるいは複数の部品から構成される製品なら、部品ごとに違うレイヤに分けることができます。

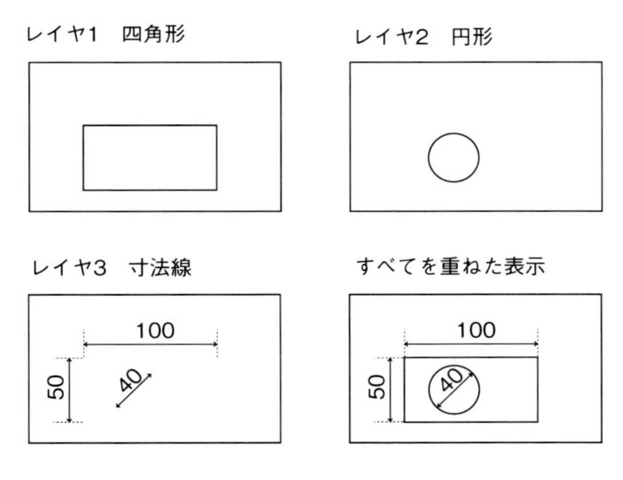

図7-1　レイヤ

CNC加工を想定した作図の場合、後で使うCAMソフトの仕様や能力にもよりますが、レイヤ分けを考えて作図するとよいでしょう。

もっとも基本となるのが、ツールパス（Tool Path：ツールの移動経路）を生成するために必要な情報である部品の輪郭線と、その他の情報を分けるということです。ツールパスを作成する際には、人間が情報をわかりやすく見るための寸法情報や補助線などは不要です。逆にこれらの情報があると、ツールパスを生成する際にそれを除外しなければなりません。輪郭線と寸法線などが別レイヤになっていれば、レイヤを選択してツールパスを作成できます。

後述する 2.5D 加工では、加工に使われる複数の輪郭線を異なるレイヤに分けて作図します。

■ DXF ファイル

CAD ソフトで作成された図面データは、各ソフト固有の形式でファイルに保存されます。それとは別に、DXF という形式のファイルで保存できます。

DXF は Drawing Exchange Format（図面交換フォーマット）の略で、代表的な CAD ソフトである AutoCAD のファイル交換用フォーマットとして規定されたものです。AutoCAD 自体は固有の保存形式を使っているのですが、ほかのアプリケーションや、仕様差のある別バージョンとの間のファイル交換に、この形式を使うことができます。

DXF は仕様が公開されているので、他の CAD ソフトや関連ソフトの多くも DXF 形式をサポートしており、事実上、図面データの標準形式となっています。

DXF ファイルを生成する方法は CAD ソフトごとに異なりますが、保存時に形式を選択したり、エクスポート機能を使って図面全体、あるいは一部分を DXF 形式で出力できます。

CNC 加工のための CAM ソフトは図面データを読み込む必要がありますが、どんなソフトも少なくとも DXF 形式はサポートしています。

◎ Column ◎　ドロー系ソフトウェアの利用

いろいろなデザイン、イラストや図表作成などのために、各種のドローソフトウェアがありますが、これらを使って部品の設計を行うこともできます。ドロー系ソフトの多くは、自身の標準のファイル形式とは別に、データの全体や一部を DXF ファイルで出力する機能を持っています。DXF ファイルが得られれば、後述の CAM ソフトを使い、CNC 加工用のデータを生成できます。

一般にドロー系ソフトは直線や曲線を自由に配置したり、いろいろな加工をしたり、フォントの処理（アウトライン化など）が充実していいます。しかしそれだけでなく、寸法を指定して、あるいは画面に表示されている座標を読むなどして、正確な作図も行えるので、CAD 的な使い方もできます。そのため用途によっては、CAD ソフトよりも便利に使えます。

ドロー系ソフトの DXF 出力機能は、元データからの変換機能が限定的な場合もあるので、実際に使う際には、出力される DXF ファイルの内容と CAM ソフトの整合性について、事前に調査や実験をしておく必要があるでしょう。また高機能な CAM ソフトは、DXF 形式を使わなくても、代表的なドローソフトのファイル形式を読み込めるようになっています。

7-1-2　3D CAD

2D CAD が平面図を作成するのに対し、3D CAD は立体物の設計/デザインのためのソフトウェアです。製図の世界で立体物の図面というと、三面図や断面図などの組み合わせになりますが、コンピュータを使った 3D デザインでは、基本的な 3D オブジェクト（直方体、球、円柱、円錐など）を変形、移動させて組み合わせ、目的の形状を構成するという形が多くなります。特にアマチュアによる CNC フライスや 3D プリンタでの加工の場合は、この種のツールの利用が中心になります。

本格的な業務用 3D CAD ソフトウェアは非常に高価ですが、3D プリンタの普及などもあり、最近は無料、あるいは安価な 3D デザインツールが各種提供されています。

■ 3D デザインツール

3D デザインツールは、マウス操作で直感的にオブジェクトを作成できるので手軽です。また作成／移動／変形の量を数値で指定することもできるので、正確な寸法指定も可能です。

この種のツールは、直方体、球、円柱、円錐などの基本図形を空間内に配置し、サイズや変形を自由に指定できます。また複数のオブジェクトを組み合わせて演算を行い、その結果の図形を得ることができます。例えば複数のオブジェクトが組み合わさった図形を作ったり、直方体から円柱を引き去って穴のあいた図形を作ることができます。

また加工とは関係ありませんが、表面に質感などの指定もできるので、出来上がりのイメージを見ることができます。

以下の**画面 7-1** は、Autodesk 社の 123D Design というソフト（非商用利用なら無料）で作成した単純な 3D オブジェクトです。

■ STL ファイル

3D 加工を行うためには、3D CAD やデザインツールで作成したデータを、STL ファイルとして出力します。STL は Standard Triangulated Language の略で、3D オブジェクトの形状を表すデータ形式です。

STL ファイルでは、オブジェクトの表面を、細かな三角形に分割して表現します。平面はいくつかの三角形の組み合わせとなります。面の端が曲線なら短い直線に分割し、それぞれの直線部分に三角形が置かれます。曲面も細かな三角形の集合体として表されます（**画面 7-2**）。それぞれの三角形の情報には、頂点の位置と裏表の情報が含まれているので、面のどちら側がオブジェクトの内部なのかを明確に示すことができます。

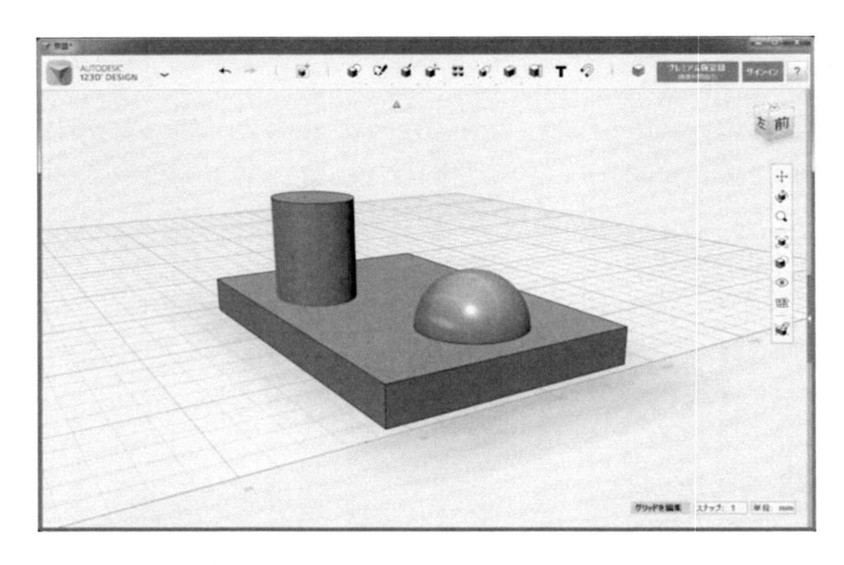

画面 7-1　3D デザインツール（123D Design）

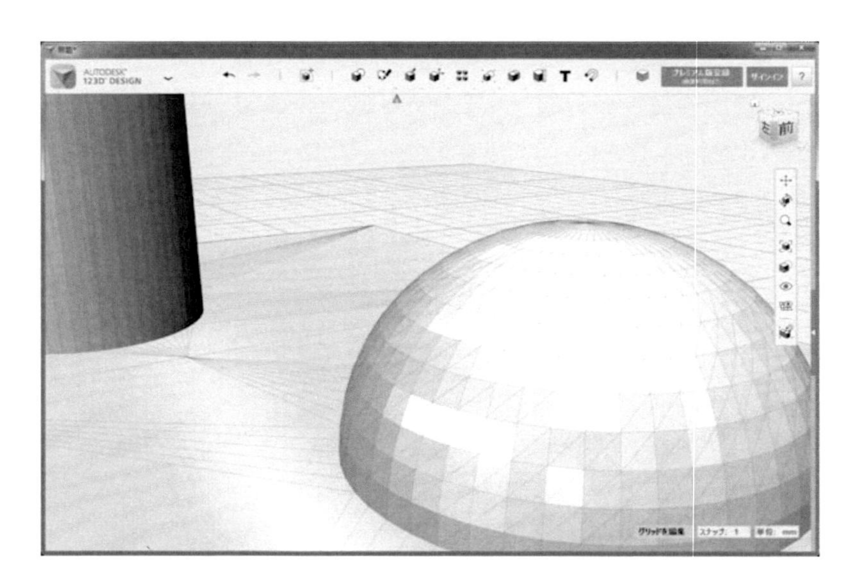

画面 7-2　STL ファイルによる表現

7-2　CAM ソフト

CAM は Computer Aided Manufacturing の略で、コンピュータ支援製造という意味です。CAD が設計段階の作業であるのに対して、CAM は設計後に実際に製造する段階の作業です。

工場で製品を大量生産する場合は、設計の後、この段階でさまざまなことを行わなければなりませんが、アマチュアが CNC 加工するというレベルでは、さほど複雑なことは行いません。CAD で作成した部品のデータを加工用の G-code に変換し、それを CNC 工作機械に与えて実際に加工する工程が CAM となります。そのためアマチュアや小規模製造の世界では、CAM ソフトは、CAD で作成した設計データを加工作業を表す G-code に変換するツールや、CNC 工作機械を制御するソフトのことになります。ここでは CAD で作成した図面データを、G-code に変換する作業について説明します。

7-2-1　ツールパスの生成

ツールパスというのは、切削ツールの移動経路のことです。ツールが適切な経路を適切な速度で移動することで、目的の加工を行うことができます。

ツールパスを生成する際は、いろいろなことを考慮する必要があります。本書では、加工のノウハウやパラメータなどには触れませんが、ツールパスの生成については多少の予備知識が必要なので、ここで切削パラメータについても簡単に説明します。

■ツールパス

ツールパスは、CAD で作成した部品の外形や穴あけ部分の輪郭線に基づいて作成されます。外形であれば輪郭線の内側を残すように、穴あけ部分であれば外側を残すように、ツールで切削する移動経路を算出します。また部品として残す部分以外の不要部分をすべて削り落とすのであれば、そのための移動経路も必要になります（図 7-2）。

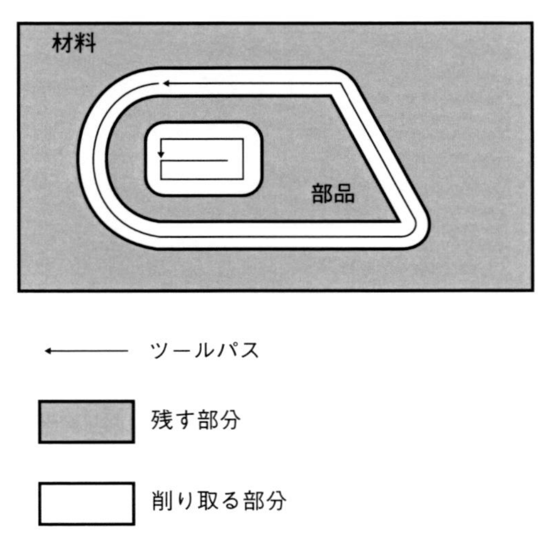

図 7-2　ツールパス

輪郭線の情報は、CAD ソフトで作成された DXF ファイルなどを読み込みます。CAM ソフトはこの情報だけでは内側を残すのか、外側を残すのかがわからないので、どのように切削するかはオペレーターが指定します。不要部の切削の有無なども指定します。

不要部分の切削は、削り残しのないように、また切削時にツールに過大な負荷がかからないようにツールパスを決定しなければなりません。特に 3D 切削の場合は、多くの切削時間が不要部の除去に費やされるので、このツールパスの算出は、作業の効率に大きく影響します。

CAM ソフトは、必要な図形データ、切削の形態が指定されると、適切なパスを自動的に算出してくれます。

■座標系

部品を切削するためには、適当な座標系を使ってツールパスを表現しなければなりません。工作機械には機械に固有の絶対座標がありますが、前にも説明したように、CAM ソフトでその絶対座標に基づいて G-code を生成するのは合理的ではありません。機械固有の情報になってしまいますし、材料も機械の絶対座標に基づいて固定しなければなりません。

実際の作業では、適当な位置に材料を固定し、その材料の位置に基づいてワーク座標系を設定するという形になります。例えば直方体の材料なら、その上面、左手前隅にツールが接する位置を原点というように決めれば、ツールパスを表す座標はわかりやすいものになり、また特定の工作機械に依存しなくなります。

CAM ソフトで生成するツールパスの座標は、工作機械ではなく、このように材料に対して設定された座標系上で規定されます。

■ツールの設定

ツールの移動の指示は、X、Y、Z の座標で指定します。第 5 章や第 6 章でも触れましたがこの座標値を決める際は、ツールの大きさを考慮する必要があります（図 7-3）。

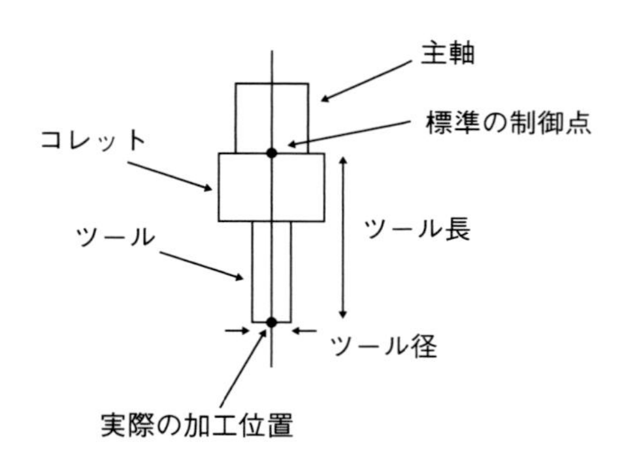

図 7-3　ツールの大きさの設定

エンドミルのような刃物は円筒形の形で切削していきます。これを使って適当な形の部品を切削するために、ツールパスはツール径を考慮して決めなければなりません。板から部品を切り出すのであればその部品の輪郭線よりも外側を、穴抜きをするなら内側を、ツール中心が移動しなければなりません。輪郭線の通りにツールが移動したら、ツール半径の分だけ、余計に材料を削ってしまいます。

またツールの長さも重要です。コレットにエンドミルを装着する時に、ツールの飛び出している長さが変わってしまうと、切削する深さが変わってしまいます。

G-code のコマンドやパラメータを見るとわかりますが、G-code のレベルで、ツールの大きさへの対応があります。ツール半径補正の機能や、ツール長オフセットの登録などです。これらのパラメータを適切に登録し、座標系を調整することで、ツールの大きさを考慮した加工を行うことができます。

大量生産する工場や、ツールチェンジャを持つ工作機械の場合、このツールの寸法を厳密に管理し、パラメータとして登録しておく必要があります。ツール交換を伴う加工であれば、ツールの長さまで考慮してツールパスを生成する必要があります。

ツール交換を伴わない単純な加工ならツール長オフセットは使わず、ツールパスを生成する際に、ツール先端を工作機械の制御点（座標で指定される位置）と定義します。そして加工時にツール先端位置を調整するというやり方で済みます。例えば Z 軸原点が材料表面上なら、ツールを装着後、手作業で材料表面にツール先端が来るように主軸ヘッドの位置を調整し、そこをワーク座標の原点に設定して運転を始めるのです。

ツール長を考慮せずにツールパスを算出し、途中でツールを交換する場合は、その時点で Z 軸原点をオペレーターが再設定する必要があります。

■切削パラメータの指定

エンドミルなどのツールで材料を切削する場合は、切削条件を考えなければなりません。実際に切削を行う際の主軸の回転速度、移動速度や切り込みの深さなどです。これらを適切に設定しないと、きれいに切削できないだけでなく、ツールや材料が破損して怪我をすることもあります。

切削用のツールは、刃の材質、切削対象の材質、切削油などの条件に応じて、どの程度の速さで材料を削れるか、どれだけの切り込み量が可能かといったことが定められており、ツールメーカーの資料で確認できます。過大な切削を行うとツールが破損したり、主軸が止まったり、あるいは仕上がりが悪くなったりします。また負荷を軽くしすぎると無駄に時間がかかり、ツールの損耗ばかりが進むことになります。

メーカーが指定するこれらのパラメータは、十分な剛性と出力を持つ業務用の工作機械を想定して定められているので、非力なミニフライス盤では最適条件での切削ができないことが多いのですが、ある程度は考えておく必要があります。

ツールパス作成時に加工時に考慮するパラメータとして、ツール回転数、送り速度、切り込み深さがあります（図 7-4）。

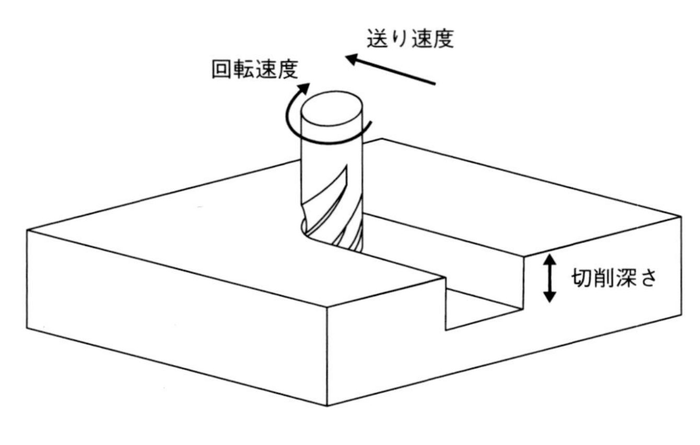

図 7-4　切削パラメータ

回転速度が同じ場合、ツール半径が小さいほど、材料と刃物の相対速度が小さくなります。そのため、径の細い刃物を使う場合は回転数を高める必要があります。例えば直径 3mm のエンドミルの場合、ツール種別や材料にもよりますが毎分 5000 回転から 10000 回転以上が推奨されます。

実際にはミニフライス盤ではこの速度は出せないので、何分の 1 かの速度で回すことになります。そうすると、単位時間当たりの切削の回数が減ります。切削の回数とは、刃が材料に当たり、削り取るという作業の回数です。刃が 2 枚のエンドミルなら、1 回転で 2 回の切削が行われることになります。回転速度が下がると切削回数も減るので、ツールの送り速度もそれに合わせて遅くしなければなりません。送り速度を下げないと 1 回の切り込み量が増え、ツールへの負担が大きくなるからです。

また切り込み深さを大きくしたら送り速度を下げなければならず、逆に深さを浅くしたら送り速度を上げることができます。切り込み深さが大きくなるというのは、一度の切削量が増えるということなので、ツールにかかる力が大きくなります。そのため、一方を大きくしたら、他方を小さくしなければなりません。また送り速度をいくら下げても、深すぎる切削は、ツールのたわみ、キリコの排出などの問題があるため、ツールに負担がかかったり精度が落ちたりします。普通はツール径の半分程度を最大の切削深さとします。

回転速度、送り速度、切削深さのパラメータは、ツール破損の防止、フライス盤の能力（回転数と出力）、きれいな仕上がりなどのために適切に連携させなければなりません。

実際のパラメータは、ツールメーカーの資料を参考に、各自が試行錯誤して決めるしかありません。特に仕上がりへの影響やツール寿命などは、これらのパラメータだけでなく、工作機械の精度や剛性、モーター出力などの影響も受けるので、確実な公式のようなものはありません。

これらの切削条件は、ツールパス生成や加工の際にプログラムや工作機械に指定します。

●送り速度

送り速度は、切削時にツール先端が材料に対してどれだけの速さで動くかを指定します。斜めや曲線の移動の場合でも、この速度が維持されるように、工作機械のテーブルなどが制御されます。通常は 1 分間に進む距離をミリメートル単位で指定します。

●切削深さ

切削の深さは、ツール先端が切削部分に対してどのような経路を通るかで決まります。CAM ソフトの設定項目の中に、そのツールの最大切削深さというパラメータがあります。これにより、この深さ以上の切削は行わないようにツールパスが生成されます。

●主軸回転数

CNC 制御で主軸回転数を指定できる場合は、G-code 中で目的の回転数を設定します。手動で制御する場合は、切削開始前にフライス盤本体側で速度を設定し、加工開始前にスタートさせます。

■アップカットとダウンカット

例えばエンドミルを使って材料の側面を切削する場合、ツールの進行方向の右側を削るやり方と左側を削るやり方があります。実はこれはかなり重要なことなのです。進行方向の右側を削る場合と左側を削る場合で、エンドミルにかかる力と、材料の切削の仕方が変わってきます。

上から見た時に時計回りに回転する刃物で、進行方向左側を削る場合をアップカット（上向き削り）、右側を削る場合をダウンカット（下向き削り）といいます（図 7-5）。

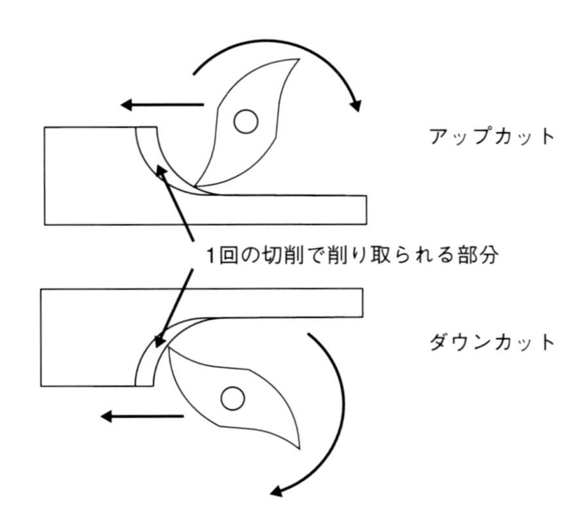

図 7-5　アップカットとダウンカット

アップカットは刃の回転と送りに伴い、最初は薄く、その後厚く削ります。それに対してダウンカットは最初が厚く、最後が薄くなります。ダウンカットは最初に大きく削るので、抵抗や振動が大きくなりがちで、アップカットはその逆です。ただしアップカットは材料表面と刃の滑りが多くなるので、刃の摩耗が早くなる傾向があります。またアップカットは刃が材料で押し返されるので、テーブルの送りに要する力が大きくなり、ダウンカットは切削の力が材料を引っ張る方向に働くので、送りの力が小さくなります。

一般に剛性が高くて出力が大きい機器ではダウンカット、ミニフライス盤ではアップカットで切削を行います。アップカットとダウンカットでは、同じツールパスに対し、ツールを送る向きが逆になります。

■切り離し部分の保持

加工に伴い、材料の一部が切り離されることがあります。例えば板材に大きな穴をあける際、穴の部分をすべて削り取ると時間がかかるので、穴の輪郭に沿ってツールを動かして切削します。また板材から部品を切り出す時は、最後は部品の輪郭線を削り取ることになります。いずれの場合も、材料の一部がほかの部分から切り離されることになります。

このような加工では切削パスの内側の部分の材料が残りますが、クランプ金具（押え金）を使って板材を固定している場合、この内側部分はテーブルに固定されていません。両面テープを使っている場合は固定されますが、強固とはいえません。このような部分は、切削の進行により動いたり持ち上がったりすることがあります。それがツールに触れるとかけらが飛んだり、ツールが破損することがあり、危険です。また振動や暴れで切削の仕上がりに影響が出ることもあります。

このようなトラブルを防ぐために、固定されなくなる部分、あるいは弱い部分を切削する際は、完全に切り離さず、一部を削り残します。ちょうどプラモデルの部品が枠に細い枝でつながっているような感じです。具体的には材料の裏まで突き抜ける深さまで切削せず、浅く削ることで保持部分を残すのです。このような部分をタブといいます（図 7-6）。切り抜き加工で数か所にタブを残すと、その部分は周りの部材につながったままとなり、動いたり暴れたりしなくなります。

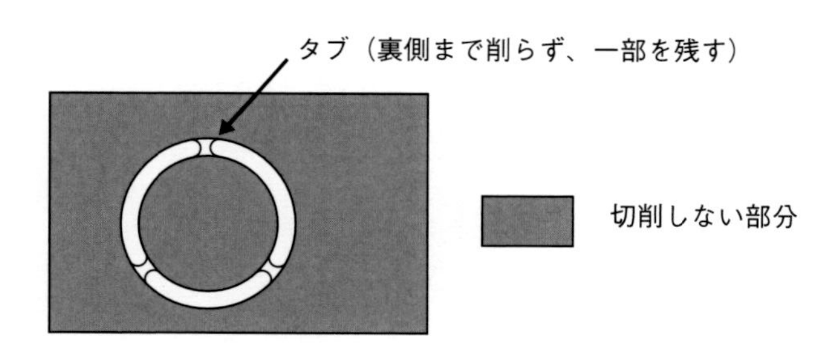

図 7-6　タブ

タブとして残す幅や厚みは、材料が動かない程度の強度があればいいので、細いエンドミルで加工している場合なら、2mm もあれば十分でしょう。加工が終わったら、その部分をニッパーやノコギリで切断し、ヤスリで仕上げます。

■加工の順序

複雑な形状の切削を行う場合は、切削の順序も重要です。材料の切削が進むと、一般に部品は小さく、細く、薄くなります。また切り抜き部分は、小さなタブで支えられているだけです。このような部分の固定強度は低くなります。

切削時には材料に大きな力がかかりますが、切削対象の固定強度が下がると、この力に負けて変形、振動したり、誤差が大きくなることがあります。このような理由で加工に失敗したり精度が低下するのを防ぐために、加工の順序を考える必要があります。

加工前の材料は、四角柱や板材などの形状で、これを徐々に削って目的の形に仕上げていきます。図 7-7 のように板材から部品を切り出す際の、輪郭の切り出しと穴抜きの順序を考えてみましょう。もし先に輪郭を切り出してしまうと、部品内部の穴抜き加工でかかる力を、数か所のタブだけで受けることになり、加工の力に負けてずれたり、振動して面が荒れたりするかもしれません。穴抜きを先に行い、内部の加工が終わってから輪郭の切削を行えば、タブに大きな力がかかることはなく、このような問題を避けることができます。

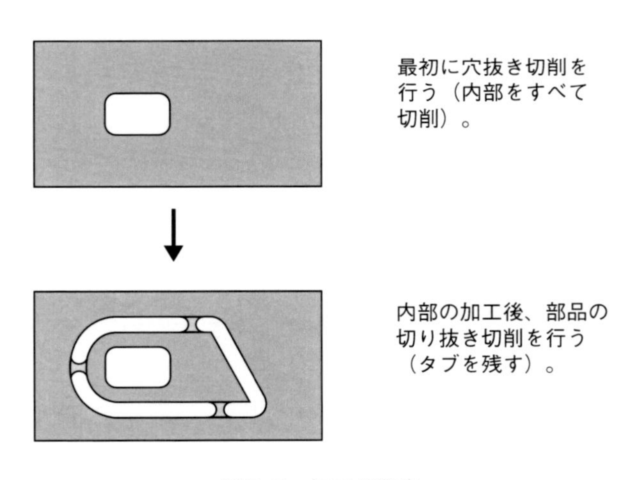

図 7-7　加工の順序

■材料の固定

ツールパスを作成する際には、材料の固定方法も考慮する必要があります。加工時にツールと固定具が衝突したり、ツールで固定具を削ったりしないようにしなければなりません。

材料の固定方法としては、第 1 章で説明したようにバイスで挟む、クランプ金具で押さえる、両面テープで貼り付けるといった方法があります。両面テープによる固定は、ツールの動く範囲に固定具が存在しないので楽ですが、固定強度が低いので、軽切削に限定されます。アルミの薄板を細い高速回転ツールで少しずつ削るといった用途には使えますが、汎用フライス盤には不向きでしょう。

バイスで挟む場合、自由に加工できるのはバイスの上面より上の部分か、あるいはバイスの側面から飛び出した部分となります。バイスに挟まれている部分は、穴あけや溝掘りなど、材料の外周部を残す加工に限られます。

クランプ金具は設置に手間がかかりますが、不定形な材料を固定したり、ツールの動作範囲を外して設置できるといったメリットがあります。また加工の進行に合わせて、固定位置を変えることもできます。

切削位置がずれないように、加工の最中は材料を動かさないというのが鉄則ですが、複数のクランプ金具を使えば、材料を動かすことなく、1 つずつ固定位置を変えていくことができます。押さえる部分が 1 箇所だとずれやすいので、クランプ金具を組み替える際も含め、常に 2 箇所以上で押さえるようにします（図 7-8）。例えば材料の左、中央、右で押さえるように計画し、右部分を加工する際は左と中央のクランプで固定します。その後、右側にクランプを設置してから中央を外すというようにすれば、材料をずらすことなくワークエリアを変えることができます（変形などに伴うごくわずかな誤差が出る可能性はあります）。

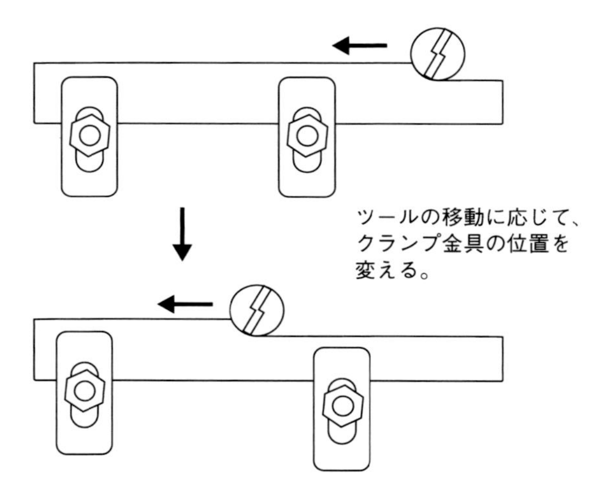

図 7-8　クランプ金具で固定

板材の切り抜き加工を行う場合は、ツールが材料である板材よりも下に飛び出します。もし板材をフライス盤のテーブルに直接固定したら、テーブルが削られてしまうので、テーブルと材料の間に適当な板材を敷きます。これを捨板といいます。切削の際には捨板の表面まで切削することで、その上の材料を完全に切断し、なおかつテーブルを傷めずに済みます。捨板は厚さが一定で、切削の抵抗が大きくないことが求められるので、アルミ板やプラスチック板が使われます。厚みのばらつきがシビアでない、木の柔らかさの影響を受けないものなら木材も利用できます。

フライス盤による加工は、手動か CNC かに関わらず、材料の固定や作業の手順を慎重に考える必要があります。下手をすると、加工したいのに固定する方法がないといった事態に陥ります。

7-2-2　2D 加工

2D 加工は平面図で示された部品の輪郭通りに切削を行うというものです。Z 軸（高さ）方向での形状の変化がなく、2D 図形が厚みを持っているという形で材料の切削を行います。ここまで説明してきたような、板材からの部品の切り出しや穴抜きなどの加工が 2D 加工になります。厚みのある材料に一定の深さの段差を付けたり、溝を掘るような加工も、その加工自体には Z 方向の変化の要素がないので、2D 加工に含まれます（図 7-9）。

切削する材料の厚さや切削深さによっては、一度の切削で削りきれないので、Z 位置を変えながら繰り返し加工します。2D 加工の場合は毎回同じ経路で、切削部分の深さを増していくという形になります。

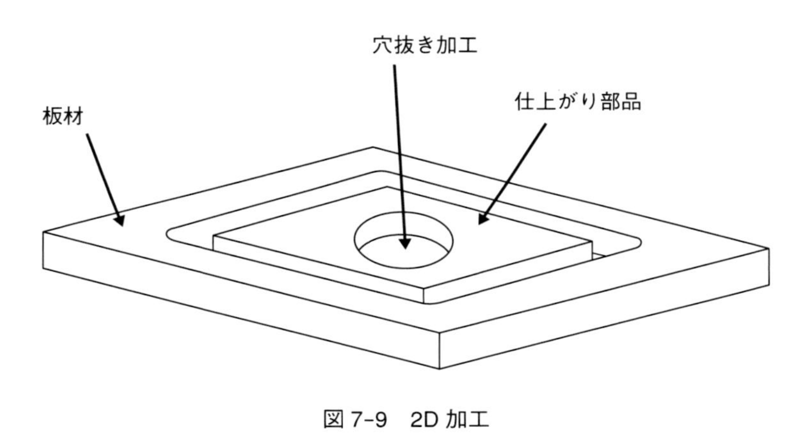

図 7-9　2D 加工

2D 加工のためのツールパス作成の基本的な手順を紹介しましょう。本章の最後で、実際の 2D CAM ソフトを使う具体的な手順を紹介します。

形状データの作成以外は、CAM ソフト上で行います。必要な情報を与えると CAM ソフトがツールパスを生成し、G-code ファイルとして出力します。

●材料の大きさ、厚さ、原点を設定
●ツール径、最大切削深さ、回転数、送り速度などを設定
●CAD ソフトか CAM ソフトの上で、部品の輪郭データを抽出
●それぞれの輪郭線について、切削条件を指定
　－内側を切り抜くのか、外側を切り抜くのか
　－不要部分をすべて切削するか残すのか
　－タブの指定
　－アップカットかダウンカットか
●各輪郭線の切削の順序を指定

●ツールパスを生成し、動作をコンピュータ上で検証
●設定条件に基づいて G-code ファイルを作成

7-2-3 2.5D 加工

2.5D 加工は、 2D 加工を拡張した形で行う 3D 加工です。簡単にいうと、地図の等高線に沿って切削を行うようなものです（図 7-10）。

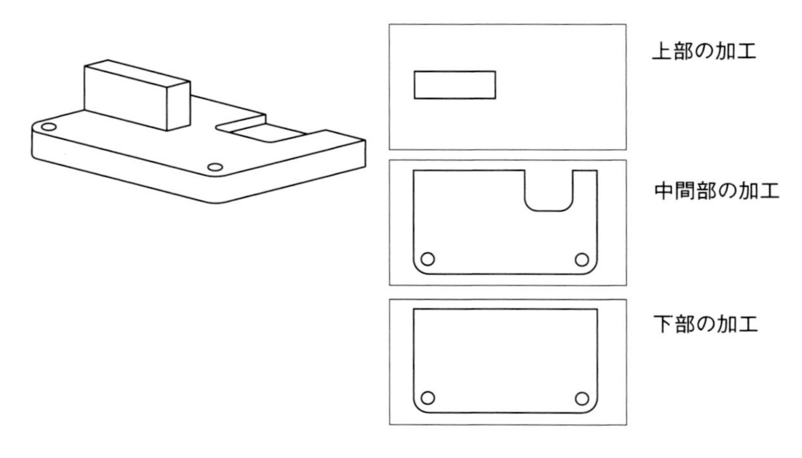

図 7-10 2.5D 加工

2.5D 加工は前述の 2D 加工を、材料の上側から順に繰り返していく形になります。ある Z 値において指定された 2D 図形の切削を行うという作業を、Z 値を変えなが順番に行っていき、一番下まで到達したら完了です。形状の異なる各層の DXF ファイルを用意し、適当な Z 位置を定めてツールパスを生成し、2D 加工を行うという作業を繰り返せば、目的の形状が得られます。

2.5D 加工を行うためのデータを作成するには、まず高さ方向で形状が異なる図形を、CAD ソフト上でレイヤに分けて作図します。レイヤに分けることで、上下の図形が共通の X-Y 座標を共有することができるので、加工時にずれるといった心配がありません。また、それぞれの Z 軸の高さにおける形状を別々に作図、検証できるので、間違いを減らすことができます。

2.5D 加工では、ある層の切削を行う際に、不要部分をすべて切削して除去する必要があります。その下の層の切削の際に邪魔になる場合があるからです。上に材料が残っている部分の下側を切削することはできません。

2.5D 加工に対応した CAM ソフトは、CAM ソフトのレベルでもレイヤをサポートしています。それぞれのレイヤで、対応する CAD データのレイヤを読み込み、その形状を切削する Z 軸値を定義してツールパスを作成します。そしてすべてのレイヤのツールパスをまとめて G-code ファイルを生成します。このデータで加工すれば、材料を上から順に切削して、目的の 3D 形状が得られます。

7-2-4 3D加工

3D加工は3Dデザインツールを使い、3Dオブジェクトから STL ファイルを生成し、CAM ソフトで STL データからツールパスを生成します。

2.5D加工は、ツールが水平面を移動しながら切削し、一層分の切削が終わると1つ下位の層の加工に移りますが、3D加工はそのような制約はなく、X、Y、Zの3軸を組み合わせた動きにより加工できます。

元になる STL ファイルは、さまざまな向きの三角形の集合体ですから、CAM ソフトは、複数の三角形の面を削るために最適のツールパスを生成します。2.5D加工で作成される部品は、Z軸を細かく分けることで疑似的に斜面を作ることもできますが、基本的に水平面と垂直面から構成されます。それに対して3D加工はツールを実際にZ軸方向で斜めに動かすことができるので、より滑らかな斜面や曲面に仕上げることができます。時間を節約するために、最初は太いツールを使って荒削りし、最後に細いボールエンドミルで仕上げ切削するというやり方もできます。ただし、そのためのツールパスは2.5D加工より複雑になり、移動も細かく指定するので、作成される G-code ファイルは大きくなり、加工に要する時間も長くなります。

3D ツールパスの作成は2.5Dよりも複雑になるので、CAM ソフトも別のもの、あるいはより上位グレードのものを使うことになります。

7-3 4軸以上の加工

等高線の形の2.5D加工、任意の3Dパスの3D加工のどちらにも、共通の欠点があります。下側の部分は、上側の部分より大きいか、少なくとも同じ大きさにしかできないということです。垂直軸で回転するツールを使っているため、張り出している部分が上側にあると、その下のツールの届かない部分は切削できないのです。軸よりも刃物径が大きいツール（サイドカッターやTスロットカッターなど）を使えば、側面の溝切削などはできますが、自由な形を削るというわけにはいきません。

この問題を解決するには、ツールか材料を傾ける必要があります。フライス盤を改造した CNC 機の場合は、材料を傾けるという方法が一般的です。

X、Y、Zの3軸に加えて、A軸、B軸、C軸という回転軸を追加することで、制約はあるものの、材料に対して垂直以外の角度でツールを当てられるようになります。A軸、B軸、C軸はそれぞれX軸、Y軸、Z軸に平行な回転軸です。

1軸を追加すると4軸加工、2軸を追加すると5軸加工となります。6軸以上の加工機は、より複雑な形状を加工するために使われます。

◎ Column ◎　主軸の傾斜

一般的なフライス盤は、主軸を傾けられる構造になっているものも多いのですが、これは人間が調整しながら傾けるためのものです。モーターで自動的に傾けられるような構造ではありません。まず固定ボルトをゆるめ、主軸ヘッド（あるいはコラム全体）を傾け、目的の角度でボルトを締めて固定します。傾斜加工が終わったら、同じようにして垂直に戻します。一応角度目盛もついていますが、実際に必要な角度や垂直の精度を出すには、各種計測器を使って丁寧に調整する必要があります。これは面倒な作業なので、普通は主軸を傾けることはせず、材料を斜めに固定します。

最初から多軸制御を考えて設計されているマシニングセンターは、主軸が自由にモーターで傾けられるようになっているものも多くあります。主軸ヘッドの傾斜と旋回ができれば 5 軸加工機となります。

7-3-1　4 軸加工

CNC 化された汎用フライス盤に回転軸を 1 軸加える場合、X 軸と平行な A 軸の追加が一般的です。テーブル上に水平の回転軸を用意し、その端の部分に材料を固定できるように、旋盤用のチャックなどを取り付けます（図 7-11）。これにより、材料の向きを変えながら、いろいろな部分の切削が可能です。

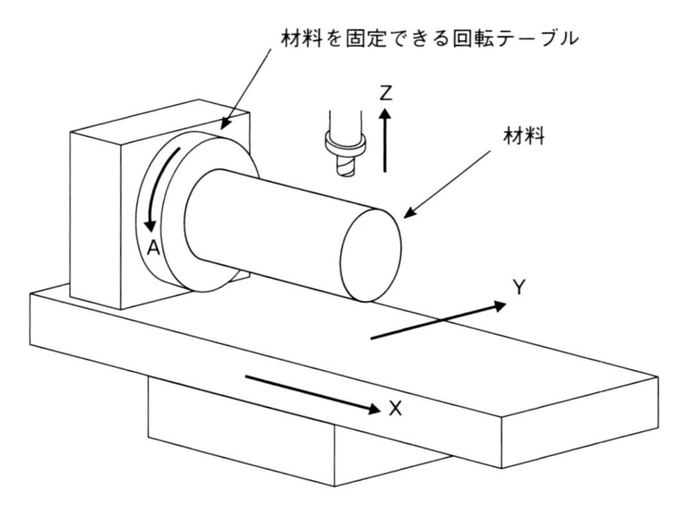

図 7-11　4 軸加工

このような構成の A 軸は、材料を旋盤のように回転させられるので、旋盤加工と同じような加工もできます。またツール位置を自由に動かせるので、旋盤では不可能な偏心軸の加工、例えばカムやクランクシャフトなどの製作ができるようになります。

7-3-2　5軸加工

汎用フライス盤に2軸追加して5軸とする場合は、A軸でテーブル全体を傾け、C軸で材料を固定する回転テーブルを回すという形が一般的です（図7-12)。C軸はZ軸に平行、つまり垂直な回転軸ですが、これがA軸で傾くテーブル上にあるので、実際にはYZ平面中の傾いた軸で材料を回転させることができます。これで、材料に対してさまざまな角度でツールを当てることができます。

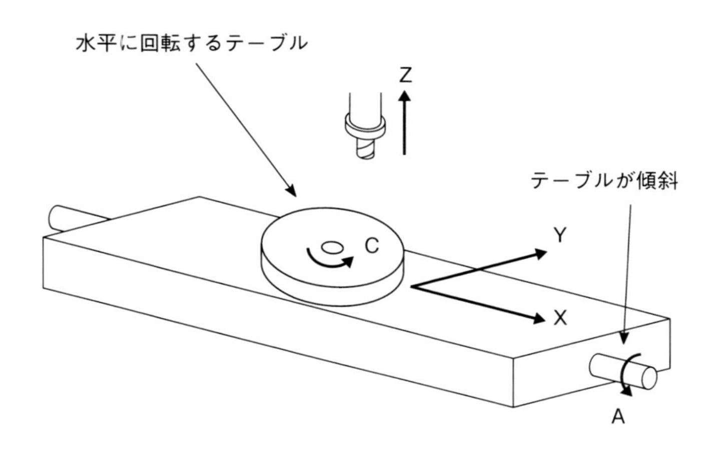

図7-12　5軸加工

7-3-3　多軸加工のためのCAMソフト

ちょっと考えればわかりますが、これらの軸数の多い加工機のためのCAMソフトは、非常に複雑なツールパスを生成する必要があります。

まず、刃先の位置をX、Y、Zだけでなく、材料の傾斜のためのA軸、B軸、C軸についても計算しなければなりません。材料を傾斜させるのは、X/Y/Z制御ではツールが届かなかった部分を切削するためですが、この時、ツールや主軸ヘッドを材料や固定具にぶつけてはなりません。そのためには、材料、固定具、主軸ヘッドやツールを3Dオブジェクトとして認識し、切削部分以外でこれらのオブジェクトが干渉しないように位置決め、移動させる必要があります。このようなことを考慮しながら、材料を少しずつ削り、目的の3D形状に仕上げなければならないのです。

このような処理を行うCAMソフトは、非常に複雑な処理を行わなければならず、また対象機器に適合させるためのカスタマイズも複雑なため、高価な業務用ソフトがほとんどです。アマチュアでも手の届くソフトの上級グレードには、1軸の回転軸に対応したものもあるようです。

7-4 2D CAMソフトの例 －－ Cut2D Desktop

アマチュアが使えるCAMソフトには、限定的な機能で無償のもの、機能が多く有償のものなどがあります。ここではVectric社（http://www.vectric.com）のCut2D Desktopというソフトを使い、CADデータからG-codeを生成する例を示します。Vectric社は2D、3Dの各種CAMソフトを販売していますが、ここで紹介するCut2D Desktopはその中でもっともシンプルな2D CAMソフトです。シンプルといっても、切削の深さを変えて2.5D加工を行ったり、このソフトの中で簡単なベクトル作成なども行えるので、単純な部品のデザインや加工なら、このソフトだけでも事足ります。

ソフトの価格は149ドル（2016年1月時点）で、オンラインで購入できます。また購入前にデモ版をダウンロードし、使ってみることもできます。ただしデモ版ではG-code出力が制限されているので、実機での試験はできません。オンラインで購入手続きを行うと、製品版のインストーラをダウンロードするURLとライセンスコードがメールで送られてきます。

このソフトは日本語にもある程度対応しており、マニュアルは英語ですが、メニューやダイアログの表記などは日本語化されています。また購入サイトでの名前や住所の入力も日本語で行うことができます。第4章のコラムで国外ソフトの購入を代行してくれる会社を紹介しましたが、Cut2Dをここで購入することもできます。

本節では、Cut2D Desktopを使ったCNC加工の手順を簡単に紹介します。

7-4-1 新規のプロジェクトを作成

Cut2D Desktopは、部品の設計データのほかに、材料の大きさ、ツール、加工手順などの情報をすべて含んだプロジェクトファイルを扱います。新たに作業を始める時は、このファイルを新規に作成します。もちろん、既存のファイルを開いて以前の作業を再開したり、それを元にして新たなプロジェクトとすることもできます。

7-4-2 材料の大きさなどを設定

新規プロジェクトを開始する時は、最初に使用する単位（インチかミリメートル）と、材料の大きさ、厚さ、ワーク座標系の原点位置を指定します（**画面7-3**）。原点位置はXとYが材料の四隅のどれか、Zは材料上面か下面です。この設定は、後でいつでも変更することができます。

ここで指定する材料の大きさは、ワーク座標系を定義し、その中で必要なツールパスを作成するための情報です。切り抜き加工のように、材料の端の部分を高精度で位置決めしなくてもよい作業なら、ここで指定した大きさと実際の材料の大きさが等しい必要はありません。部品を削り出すことができ、加工の際に干渉しない位置に固定具を使用できるなら、大きくても小さくても問題はありません。

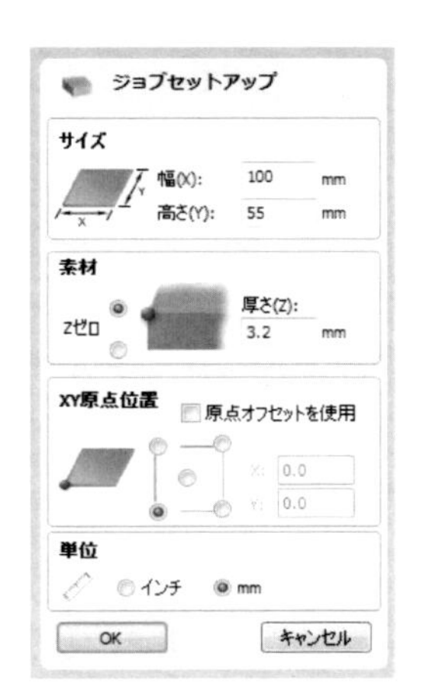

画面 7-3　基本設定

7-4-3　ツールの設定

加工に使用するツール（通常はエンドミル）の情報を設定します。あらかじめいくつかのツール設定が登録されているので、その中から選択することもできますし、サイズや条件が違うのなら、自分で新規に登録できます。

ツール設定の登録はプロジェクト固有の情報ではないので、複数のプロジェクトで共有できます。例えば鉄、アルミ、木材などで、同じツールであっても切削条件は変わってきます。それぞれに個別のエントリを作成し、名前や注釈でわかるようにしておくとよいでしょう。

ツール設定は、［工具データベース］ダイアログで登録／変更できます。左のリストボックスの［Imperial Tools］はインチ系のもの、［Metric Tools］はミリメートル系のものです。ツールの種類はいくつかあり、それぞれで設定項目が変わりますが、ここではエンドミル（［End Mills］）について説明します（画面 7-4）。

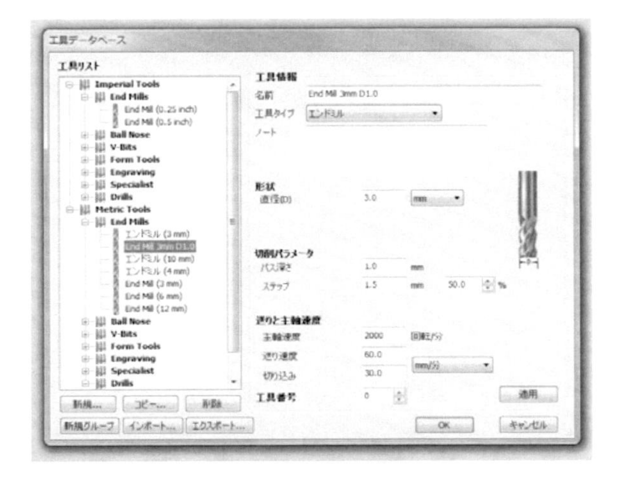

画面 7-4　ツールの設定

エンドミルの設定項目は以下のとおりです。

● [名前]

ツールの名前で、Cut2D では日本語を使うことができます。ツール名は G-code 生成時にコメントとして挿入されますが、Mach は日本語が表示できないので、後で説明する加工の名前とともに、英数字の名前表記にしておいたほうがよいでしょう。

● [工具タイプ]

ツールの種類です。種類によって設定内容が変わります。

● [直径]

エンドミルの直径です。この値が最大切削幅であり、輪郭の切削などでは、ツールパスが半径分だけずれます。

● [パス深さ]

このエンドミルで一度に切削できる最大深さです。ツールや材料の種類、工作機械の能力により変わってきますが、ミニフライス盤で数ミリのエンドミルを使って金属を切削する場合、実用的な切削深さは直径の 20%から 50%程度です。ツールが長くなると、切削時にツールを曲げる向きの力が大きくなるので、切削量をさらに小さくする必要があります。この値より深い切削は、数回に分けて行います。

● [ステップ]

エンドミル径より広い領域を切削する場合は、エンドミルをずらしながら動かします。例えばラスター切削では、エンドミルを X 軸方向に動かし、ある程度切削したら Y 軸値をすこし変えて再び X 軸に平行に逆方向に動かします。この時、Y 軸方向の移動量がステップ値です。つまり、領域の切削時の切削幅です（最初の 1 回だけはツール径の幅の切削になります）。

ステップ値は最大でエンドミル直径までとなります。ステップ値が大きいほど切削を短時間で行えますが、ツールの負担は大きくなります。

● [主軸速度]

主軸の回転速度です。

● [送り速度]

エンドミルを水平に動かして切削する際の送り速度です。次の切り込みとともに、mm/秒、mm/分などで指定できます。G-code では送り速度を mm/分で指定するので、その単位にしておくとわかりやすいでしょう。

● [切り込み]

エンドミルを垂直に動かして切削する際の送り速度です。つまり切り込み始めの穴あけなどの際の速度です。

● [工具番号]

G-code でツール交換などを行う際に必要になるツール番号です。ツール交換を行わない作業なら、番号について考える必要はありません。

ここでは 3mm のエンドミルを使い、厚さ 3.2mm の鉄の板材（SS400）からちょっとした部品を切り抜いてみます。使用したミニフライス盤は、主軸速度が 2200RPM までしか上げられないので、送りを遅くしています。回転速度は、切削速度だけでなく、仕上がりにも影響することがあります。

7-4-4 部品の DXF ファイルをインポート

加工する部品の DXF ファイルを読み込みます。DXF 形式以外にも、Vectric 社の各種ソフトのファイル形式、DWG、EPS、各種ドローソフトなどのファイルも読み込めます。今回は、鍋 CAD（http://www.nabetech.com/）というソフトで作成したデータを DXF ファイルで出力しました（**画面 7-5**）。

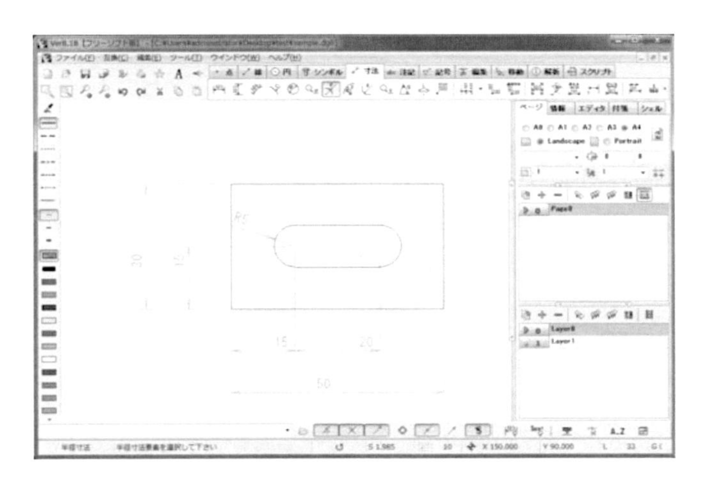

画面 7-5 CAD 上の図形データ（鍋 CAD）

Cut2D は読み込んだ図形データの中から、オペレーターが指定した図形（ベクトル）について切削加工を行うという形で設定します。そのため加工に関係ない寸法線などのデータが入っていても問題ありませんが、事前に除去しておけばベクトルの選択や操作が容易になり、作業がやりやすくなります（**画面 7-6**）。

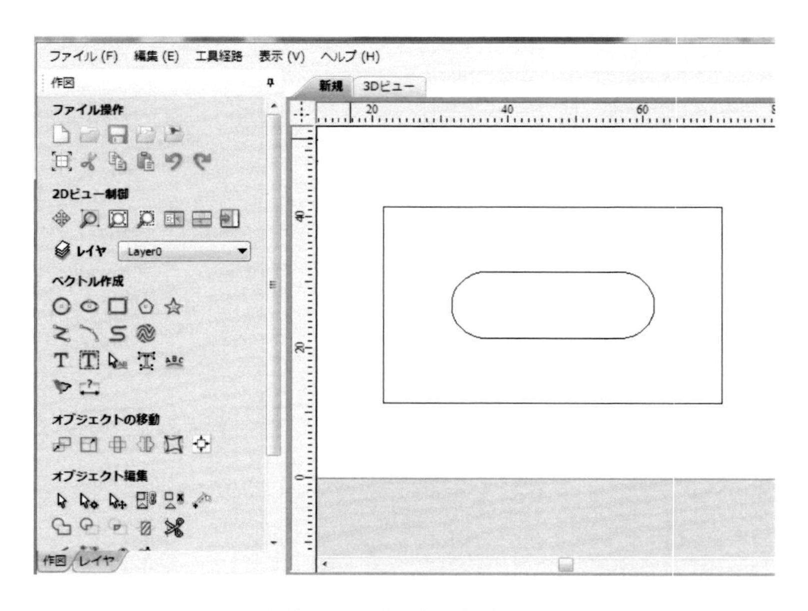

画面 7-6　図形の読み込み

ツールパスを作成するために、輪郭線などの図形データを選択しますが、この図形データは連続した一連のベクトルになっていなければなりません。そのため、必要に応じて複数の線分や円弧を、接続している 1 つのベクトルにまとめる処理（ベクトルの結合）を行います。そしてベクトルを選択し、それに対する加工を指定します。

元の図形データが 1 つのベクトルになっているかどうかは、そのデータを作成した CAD ソフトの構成やデータの内容しだいです。例えば作例の外側の輪郭線は最初から 1 つのベクトルです。しかし中央の長穴は、見た目はつながっていますが、実際には 2 つの円弧と 2 本の直線です。それぞれの線分が繋がっているかどうかは、マウスでクリックしてみればわかります。1 つのベクトルにまとまっていれば、どこかをクリックすると、そのベクトル全体が選択されます。

Cut2D は、ベクトルとしてつながっていない複数の要素を選択し、1 つのベクトルに結合することができます。これは選択されたすべての要素について、2 つの要素の端点が一定の距離内にあれば、それを接続して 1 つのベクトルにまとめるという処理です（**画面 7-7**）。

Cut2D の中でも基本的な図形のベクトルを作成できるので、Cut2D 内で部品データを作成/編集することもできます。

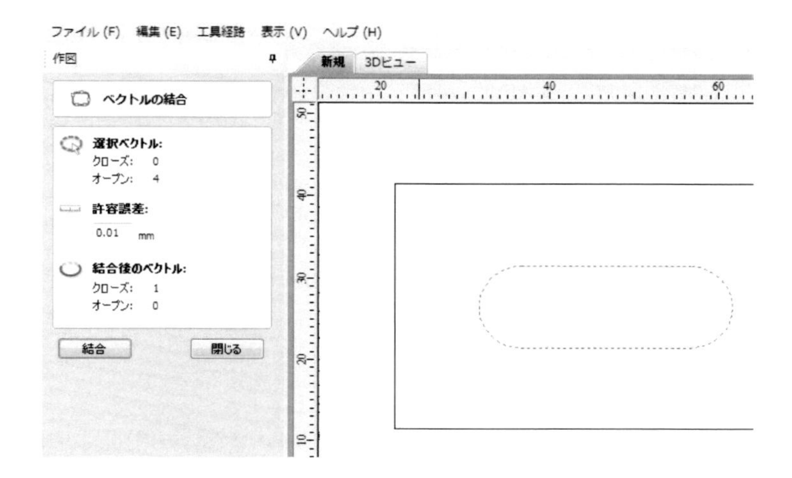

画面 7-7　ベクトルの結合

7-4-5　切削方法

Cut2D Desktop ではそれぞれのベクトルについて、いくつかの切削方法を選択できます。これには以下のものがあります。

● [2D 輪郭工具経路]

指定したベクトルを輪郭線として、その内側、外側、あるいはベクトル上（中心）を切削します。この加工では溝切削や板材からの部品の切り抜きなどを行えます。完全な切り離しをしないためのタブ指定もできます。

● [ポケット工具経路]

指定したベクトルの内側をすべてを切削します。材料を残さない穴あけ加工などを行えます。領域の削除（クリアポケット）をどのような経路で行うかを指定できます。

● [穴あけ工具経路]

ドリルを使った穴あけ加工です。

● [クイック彫刻]

ベクトル上をツールが移動する、あるいはベクトルの内側を切削、ハッチング（平行線で埋める処理）することができます。おもに細いツールを使って、文字や模様を刻む際に使用します。

● [インレー工具経路]

象嵌、螺鈿、インレイなどのための切削です。これは材料表面に適当な形のポケット加工を行い、さらにその部分に同じ形の別の部品をはめるというものです。この切削モードでは、メス部とオス部の加工ができます。

◎ Column ◎　輪郭線の外側の全切削

加工の内容によっては、不要部分を残さず、すべて切削して取り除きたい場合があります。輪郭線の内側であれば、ポケット加工を選べばこのような切削を行えますが、輪郭線の外側はどうすればいいのでしょうか？

切削の指定に際して、複数のベクトルを選択することができます。切削せずに残す輪郭線のベクトルと、それより外側にある適当なベクトルの両方を選択し、それに対してポケット加工を指定します。すると外側のベクトルの内側を切削しますが、内側の輪郭線の内部は切削しないツールパスが得られます。内側の輪郭線からみれば、輪郭線の外側がすべて切削されることになります。

つまり回りをすべて切削するには、残す部分の輪郭線ベクトルの外側に、除去する範囲を示すベクトルを用意し、両方を選択してからポケット加工を行えばよいのです（画面 7-8、画面 7-9）。除去範囲のベクトルを材料と同じか大きくすれば、部品のまわりすべてを除去できることになります（もちろん、材料を固定する部分は削ってはいけません）。

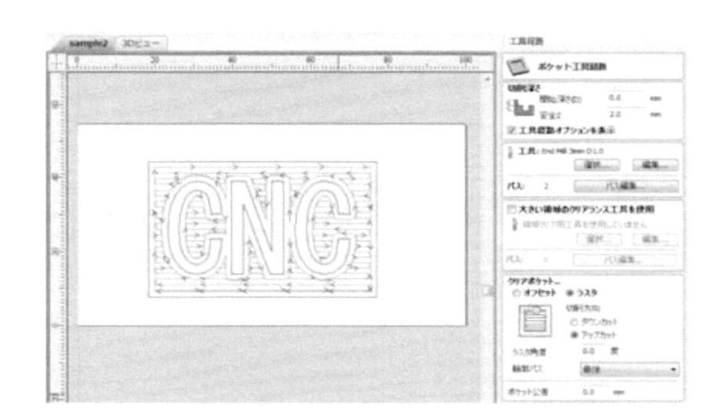

画面 7-8　輪郭外側の全切削のツールパス

画面 7-9　輪郭外側の全切削

7-4-6　切削の指定とツールパスの生成

ここでは例として、内側の開口部を［**ポケット工具経路**］で、部品の輪郭を［**2D 輪郭経路**］で切削します。

まず、長円のベクトルを選択し、［**ポケット工具経路**］を選びます。

［**切削深さ**］は、切削する深さに関連する設定です。［**開始深さ**］は切削を開始する Z 座標となります。材料表面を Z 軸原点としている場合は 0 になります。また 2.5D 加工で下の層を切削する場合は、適当な深さを開始位置とします。

［**開始深さ**］の下に［**安全 Z**］という指定がありますが、これは切削深さの間違いで、英語画面では［Cut Depth］になっています。ここに、切削する最終的な深さを指定します。3.2mm の板材の切り抜きなので、ここでは厚さをちょっと超える 3.5mm としました。厚さと同じにすると、材料や捨板の平面度、工作機械の精度の影響で、薄い削り残しが出ることがあります。切削深さが材料の厚さを超えているので、警告が表示されます。

そして適切なツールを選択します。ここでは 3mm のエンドミルとします。ツールの最大切削深さは 1mm に設定されているので、この加工は 4 回の切削が必要になります。4 回の切削は、各回で同じ深さの切削を行いますが、［**パス編集**］で、各回の深さを変えることもできます。

［**クリアポケット**］は、どのような順序、経路で切削を行うかの指定です。［**オフセット**］は中心からぐるぐる回りながら穴を広げるという形、［**ラスタ**］は平行に削り取っていく形です。どちらを選択しても、輪郭線はベクトルに沿って切削します。輪郭部分の切削を最初に行うか、最後に行うか、あるいは行わないかを指定できます。また［**アップカット**］と［**ダウンカット**］の指定も行います（**画面 7-10**）。

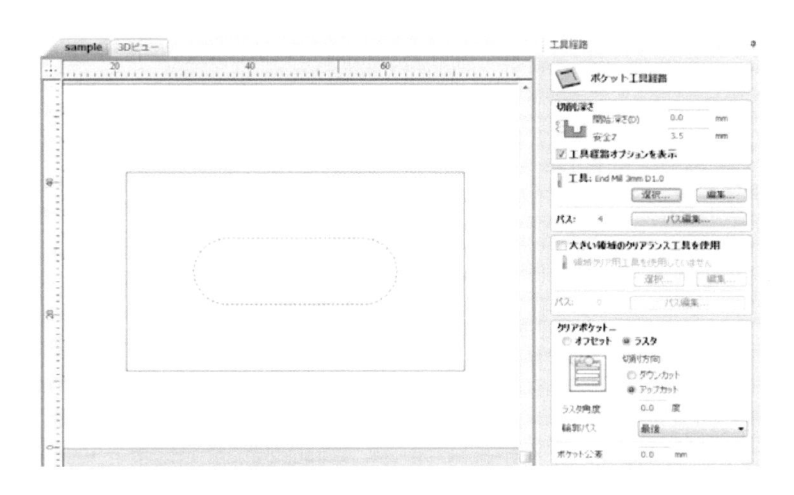

画面 7-10　内部の切削

指定が完了したら、下にある［**計算**］ボタンをクリックします。これで実際のツールパスが算出されます。

部品の外側の輪郭線は、［**2D 輪郭工具経路**］で切削します。切削の深さ、ツールの選択はポケット加工と同じです。

輪郭の切削は、ベクトルの内側、外側、あるいはベクトル上を選択できます。ここでは部品の外周の切削なので、外側を選択します。またアップカットとダウンカットも選択します（**画面 7-11**）。

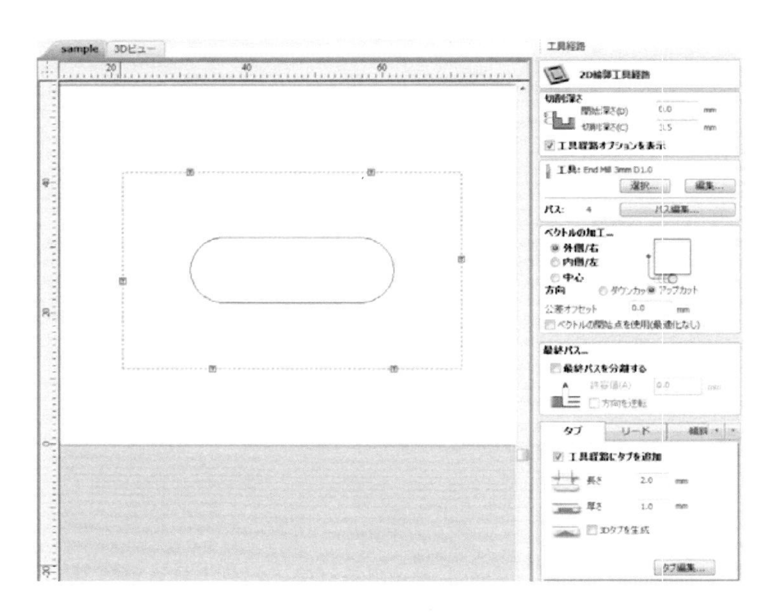

画面 7-11　輪郭の切削

側面切削ではなくツール径すべてを使う溝切削の場合、アップカットもダウンカットも関係ないように思われます。刃が材料に当たってから離れるまで、前半がアップカットになり、後半がダウンカットになるからです。輪郭切削の際は、内側か外側の輪郭に接する部分での刃の動きについて、アップカット／ダウンカットを指定します。そのためアップカットとダウンカットでは、ツールの動く向きが逆になります。

輪郭の切削では、完全な切り離しを行わず、タブを残すことができます。切削の際に、一時的に切削深さを浅くした部分がタブになります。

タブの指定画面では、タブの位置、数や間隔、タブ部分の厚さと長さを指定することができます。タブの位置は、数か間隔に基づいてソフトが自動的に決定しますが、画面上の操作で、位置を修正することもできます。切り離しや仕上げのやりにくい位置には、タブを置かないようにします（**画面 7-12**）。

必要な指定がすべて終わったら、前と同じようじ［**計算**］ボタンでツールパスを生成します。

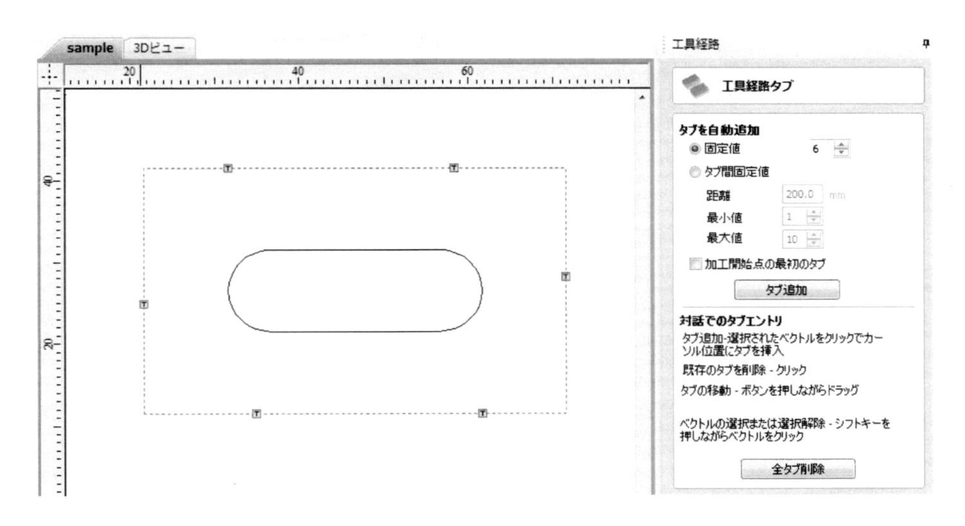

画面 7-12　タブの設定

◎ Column ◎　より簡略な指定

ここでは例として内側の切削をポケット加工、外側を輪郭として指定しましたが、もっと簡単に指定することもできます。内側に切り抜き部分（複数でも可）がある部品のベクトルをすべてまとめて選択し、輪郭切削を指定します。すると、一番外側はベクトルの外側の切削を行い、内側のベクトルは内部の輪郭切削を行います。また、内側から先に加工するので、強度の問題もありません。穴が多数ある部品などでは、この方法が便利に使えます。

7-4-7　切削の順序

ベクトルを選択し、それについての加工指定を行うと、その内容が 1 つずつ登録されます。登録された加工指示は［ポケット 1］や［輪郭 1］といった名前で識別され、後で参照、修正、削除することができます。これらの名前はコメントとして G-code 中に埋め込まれますが、Mach では日本語文字はうまく表示されないので、英字の名前に変えておいたほうがよいでしょう。ここでは［ポケット 1］を［ovalhole］に、［輪郭 1］を［profile］に変えています。

本章の前半で加工の順序について説明しました。これらのエントリの並びは、加工順序の指定となります。通常は、作業を定義した順にエントリが並んでいきますが、これを明示的に並べ替えて、作業順序を変えることができます。これにより、内側から順に切削していくといった指定が行えます（画面 7-13）。

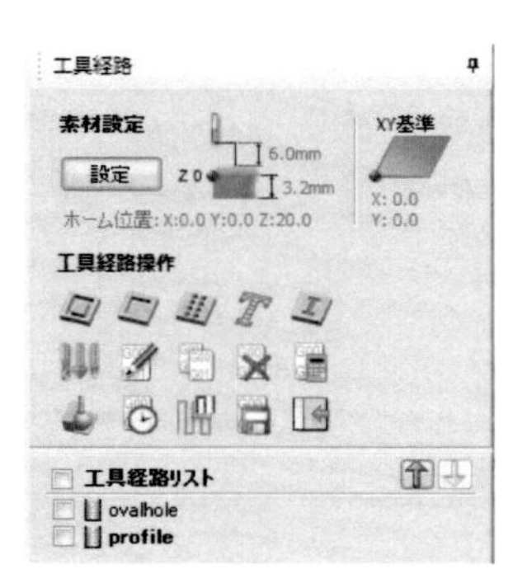

画面 7-13　加工順序の指定

7-4-8　ツールパスをプレビュー

作成された一連のツールパスを 3D 表示で見たり、ツールの動きと切削の状態のアニメーション表示などができます（画面 7-14、画面 7-15）。

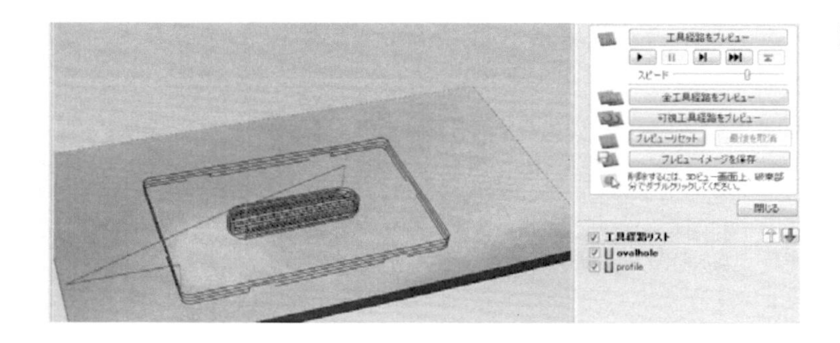

画面 7-14　ツールパスのプレビュー

画面 7-15　切削のプレビュー

7-4-9 G-code ファイルを出力

これらの作業が終わったら、実際の加工のための G-code ファイルを生成します。これは［**工具経路保存**］で行います。

ファイル出力の際には、Cut2D 内部のツールパス情報を G-code に変換するためのポストプロセッサを選択します。ここで出力機器や CNC 制御ソフトを指定することで、その出力対象に適した形で G-code ファイルが生成されます。ポストプロセッサの中に、Mach2/3 があるので、それを選択すれば、Mach で制御される工作機械のための G-code が生成されます。エントリにはインチとミリ、ATC（ツールチェンジャ）の有無によるバリエーションがあるので、［Mach2/3 Arcs (mm)］を選択します。Arcs は、円弧切削を G2/G3 で行うという意味です（**画面 7-16**）。

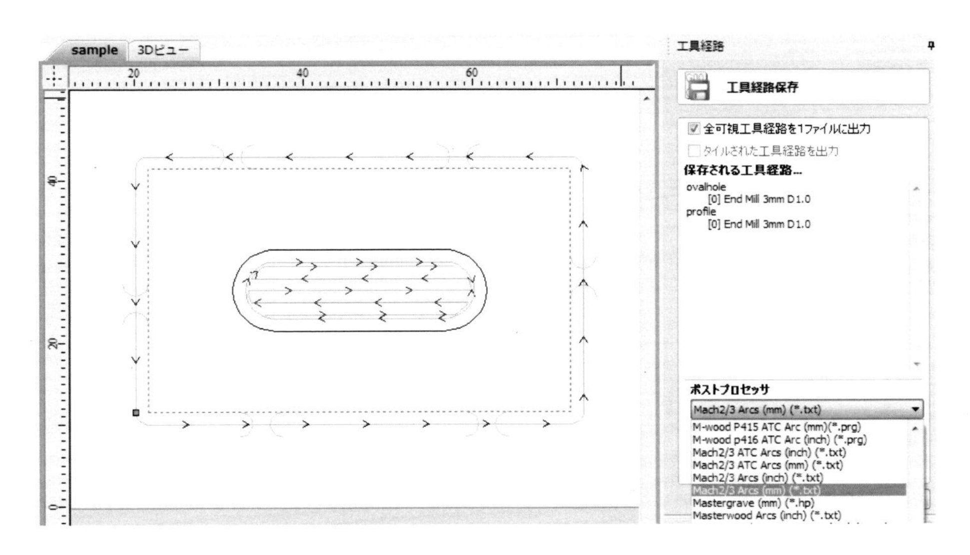

画面 7-16　G-code ファイルの出力

リスト　生成された G-code の先頭部分（カッコ内は注釈）

```
( sample )
( File created: Tuesday January 05 2016 - 11:15 PM)
( for Mach2/3 from Vectric )
( Material Size)
( X= 100.000, Y= 55.000, Z= 3.200)
()
(Toolpaths used in this file:)
(ovalhole)
(profile)
(Tools used in this file: )
(0 = End Mill 3mm D1.0)
```

```
N110G00G21G17G90G40G49G80
N120G71G91.1
N130T0M06
N140 (End Mill 3mm D1.0)
N150G00G43Z20.000H0
N160S2000M03
N170(Toolpath:- ovalhole)
N180()
N190G94
N200X0.000Y0.000F60.0
N210G00X35.487Y23.533Z6.000
N220G1Z-0.875F30.0
N230G1X57.626F60.0
N240G1X57.978Y23.672
N250G1X58.426Y23.940
N260G1X58.829Y24.281
   :
   :
```

7-4-10　Machで切削

G-codeファイルが作成できたら、これをMachで読み込んで実際の加工を行います。

Machでファイルを読み込み、問題がなければ、ツールパス画面にプレビュー画面で見たのと同じようなツールパスが表示されるはずです（**画面7-17**）。

材料は、適当な方法でテーブルに固定します。今回は切り抜き加工なので、ツールが材料を貫通します。そのためテーブルを削らないように、適当な捨板を下に敷いておく必要があります。

実際に加工を行うには、Cut2Dでツールパスを作成した時と同じ位置に、ワーク座標の原点を設定しなければなりません。今回の例では材料表面の左下隅です。もちろん固定具の位置などを考えなければなりません。原点から移動も含め、加工中にツールやコレットが固定具の金具やナットに干渉しないように位置決めする必要があります。逆にいえば、CAMソフトでツールパスを算出する際には、あらかじめ固定方法やそのための場所なども考えておかなければなりません（**図7-13**）。

本番の切削を行う前に、主軸ヘッドを上に数十ミリメートル上げた状態でワーク座標原点を設定し、テスト実行するとよいでしょう。Z軸を上にずらすことで、主軸が下がった時にも材料やテーブルには接しません。この状態でツールの動きや速度を確認し、問題がないか確かめるのです。より厳密に確認したければ、本番の材料を使う前に、柔らかい木材などを使ってリハーサルするのもいいでしょう。

Cut2DのポストプロセッサでMachを指定したとしても、想定通りに動作しないこともありえます。ポストプロセッサ情報が想定しているMachの設定と、実際の設定が一致していなければ、正しく動作しません。Cut2Dの出力ファイルは、初期化部分である程度設定は行っていますが、すべ

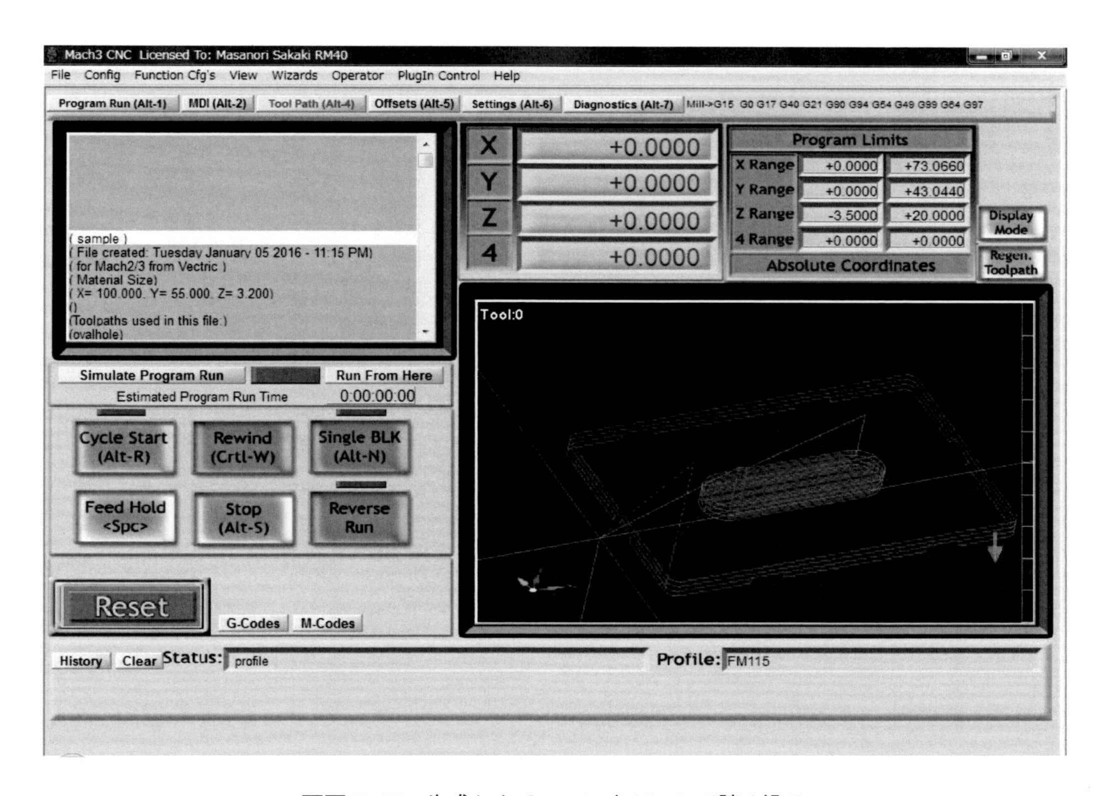

画面 7-17 生成した G-code を Mach で読み込み

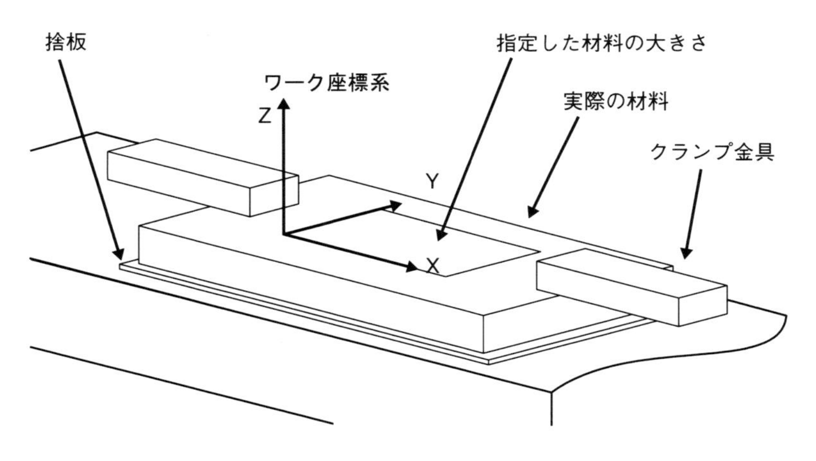

図 7-13 Cut2D の設定と実際の材料の固定

てのパラメータが想定通りになるかは確かではありません。ツールパス表示の確認や Z 位置を変えてのリハーサルを行えば、こういった問題を事前に検出できるでしょう。もし問題があれば、Mach 側の初期設定を変更したり、Cut2D 側の指定の間違いを修正します。

問題がなければ、本来の位置に原点を設定し、G-code を実行すれば、想定した通りの加工が行われるはずです（写真 7-1）。

写真 7-1　切削が完了した部品

付録　Mach がサポートする G-code

Mach 3 と Mach 4 がサポートしている G-code について、簡単にまとめておきます。詳細については Mach のドキュメントを参照してください。Mach の各バージョンのマニュアル類は以下の URL にあります。

●Mach のマニュアルダウンロード先 URL：

http://www.machsupport.com/help-learning/product-manuals/

■ワード一覧

Mach 3 と Mach 4 で使用されるワードの一覧です。ワードの後には、それぞれのワードの意味に応じた数値が置かれます。数値整数、小数、式、変数の参照で指定できます。

文字	意味
A	A軸の値（一般に回転軸）
B	B軸の値（一般に回転軸）
C	C軸の値（一般に回転軸）
D	ツール半径補正の値
F	送り速度
G	一般機能
H	ツール長オフセットのインデックス
I	円弧中心のX軸オフセット
J	円弧中心のY軸オフセット
K	円弧中心のZ軸オフセット
L	サブルーチンや固定サイクルの呼び出し回数
M	各種機能
N	行番号
O	サブルーチンのラベル
P	ドウェル時間
Q	サブルーチンの呼び出し回数他
R	円弧の半径他
S	主軸の速度
T	ツール選択
U	A軸と同じ（一般に直線軸）
V	B軸と同じ（一般に直線軸）
W	C軸と同じ（一般に直線軸）
X	X軸の値
Y	Y軸の値
Z	Z軸の値

■Gワードの機能

Gワードはツールの移動、座標などの各種の状態の設定や変更に使用されます。

Gコードコマンド	機 能		
	パラメータのワード	パラメータの意味	バージョン
G0	現在位置から終点位置まで高速移動		
	各種座標指定	終点座標を指定	
G1	現在位置から終点位置まで指定速度で直線移動		
	各種座標指定	終点座標を指定	
	F	送り速度	
G2、G3	円弧、螺旋移動（G2は時計回り、G3は反時計回り）		
	中心指定と半径指定が可能		
	各種座標指定	終点座標を指定	
	I、J、K	中心指定、始点から中心へのオフセット	
	R	半径指定、半径の値	
	F	送り速度	
G4	ドウェル（一時停止）		
	P	停止時間	
G9	一時的な（モーダルではない）完全停止モード		Mach 4
G10	ツールオフセットの設定（L1）		
	フィクスチャ座標系の設定（L2）		
	L	セットする内容の指定	
	P	登録する番号	
	各種座標指定	ツールのパラメータ、原点の位置	
G12、G13	現在位置を中心として円ポケット切削（G12は時計回り、G13は反時計回り）		
	I、J	半径を示すベクトル（J指定はMach 4のみ）	
	P、Q	繰り返し指定	Mach 4
	F	送り速度	
G15	極座標モードを終了		
G16	極座標モードを開始		
G17	XY平面を選択		
G18	XZ平面を選択		
G19	YZ平面を選択		
G20	インチ単位とする		
G21	ミリメートル単位とする		
G28	指定位置を経由してホーム位置に復帰		
	各種座標指定	経由位置	
G30	指定位置を経由してホーム以外の位置に復帰		
	P	別途定義された終点位置の番号	
	各種座標指定	経由位置	
G31	プローブコマンド		
	各種座標指定	プローブを動かす目標位置	
	F	送り速度	
G32	材料を主軸で回転させてネジ切		Mach 4
	各種座標指定	ツールの移動先座標	
	F	送り速度	
G34	リード量を変えながらネジ切		Mach 4
	各種座標指定	ツールの移動先座標	
	K	回転あたりの変化量	
	Q	ドキュメントに記述なし	
	F	送り速度	
G40	ツール半径補正終了		
G41、G42	左側と右側へのツール半径補正を開始		
	D	半径の補正値	
G43	ツール長オフセットを適用		
	H	ツール番号	
G44	負の長さのツール長オフセットを適用		
	H	ツール番号	
G49	ツール長オフセットの適用を終了		
G50	スケーリングを終了		
G51	スケーリングを適用		
	各種座標指定	各軸の値がスケール値として適用される	
G52	現在の座標を一時的にオフセット		
	各種座標指定	オフセット量	

G53	移動先座標を絶対座標で指定		
G54からG59	ワークオフセット#1から#6を設定		
G54.1	付加的なワークオフセットを番号（1-248）で指定		Mach 4
	P	オフセットの番号	
G59	付加的なワークオフセットを番号（1-248）で指定		Mach 3
	P	オフセットの番号	
G60	常に一方向から接近するように指定		Mach 4
G61	完全停止モード		
G64	定速モード		
G65	非モーダルなマクロ呼び出し		Mach 4
	P	プログラム番号	
	引数	プログラムに渡す値	
G66	モーダルなマクロ呼び出し		Mach 4
	P	プログラム番号	
	引数	プログラムに渡す値	
G67	モーダルなマクロ呼び出しの終了		Mach 4
G68	座標系を回転		
	A、B	回転の中心のX座標とY座標	Mach 3
	X、Y	回転の中心のX座標とY座標	Mach 4
	R	回転角度	
	I	Iを指定すると、回転角度が積算される	Mach 3
G69	座標系の回転を終了		
G73からG89	固定サイクル（説明は省略）		
G90	座標の絶対指定（指定された値を座標値とする）		
G91	座標の相対指定（現在の座標値に指定された値を加算する）		
G90.1	円弧の中心指定のI、J、Kの座標を絶対指定にする		
G91.1	円弧の中心指定のI、J、Kの座標を現在位置に対する相対指定にする		
G92	ワーク座標系の設定		
	各種座標指定	現在位置を指定した座標値とする	
G92.1、G92.2	現在位置をワーク座標系の原点に設定		
G93	Fワードで指定した値の逆数の時間（分）で移動が完了する		
G94	1分あたり、Fワードで指定した距離だけ進む		
G95	主軸1回転あたり、Fワードで指定した距離だけ進む		
G96	主軸の速度をツール外周の速度で指定する		Mach 4
G97	主軸の速度を分あたりの回転数で指定する		Mach 4
G98、G99	固定サイクル関連（説明は省略）		

■ M ワードの機能

Mコード	機 能	バージョン
M0	プログラムを停止。主軸も停止する	
M1	オプショナルストップスイッチが有効な時に、M0と同じように停止	
M2	プログラム終了。一部の状態が初期状態にリセットされる	
M3	主軸を時計回り（正転）に回転	
M4	主軸を反時計回り（反転）に回転	
M5	主軸を停止	
M6	ツール交換	
M7	ミストオン	
M8	クーラントオン	
M9	ミスト／クーラントオフ	
M19	主軸の角度を指定	
M30	プログラムの終了とリワインド（先頭へ移動）	Mach 4
M47	プログラムを先頭から実行	Mach 3
M48	主軸とフィードのオーバーライドを許可	
M49	主軸とフィードのオーバーライドを不許可	
M98	サブルーチン呼び出し	
M99	サブルーチンからリターン	

索 引

Symbols

A

B

C

D

F

G

I

M

N

O

P

R

S

T

あ

い

う

え

お

か

き

く

け

こ

さ

し

す

せ

そ

た

ち

つ

て

と

な

に

は

■著者プロフィール

榊 正憲（さかき まさのり）

電気通信大学卒業。プログラミング、システム管理などの仕事のあと、フリーランスで翻訳、原稿執筆などを行う。現在は、有限会社榊 製作所 代表取締役。著書に『復活! TK-80』『コンピュータの仕組み　ハードウェア編（上・下）』、翻訳書に『Inside Visual C++ Version 5』（いずれも旧アスキー発行）。『完全マスターしたい人のためのイーサネット& TCP/IP 入門』（インプレス）『1 日で読めてわかる TCP/IP のエッセンス』（インプレス R&D）などがある。

■編集・制作

TSUC

●本書の内容に関するご質問は、書名・ISBN・お名前・電話番号と、該当するページや具体的な質問内容、お使いの動作環境などを明記のうえ、インプレスカスタマーセンターまでメールまたは封書にてお問い合わせください。電話やFAX等でのご質問には対応しておりません。なお、本書の範囲を超える質問に関しましてはお答えできませんのでご了承ください。

●落丁・乱丁本はお手数ですがインプレスカスタマーセンターまでお送りください。送料弊社負担にてお取り替えさせていただきます。但し、古書店で購入されたものについてはお取り替えできません。

■ 読者の窓口
インプレスカスタマーセンター
〒101-0051 東京都千代田区神田神保町一丁目105番地
TEL 03-6837-5016 ／ FAX 03-6837-5023
info@impress.co.jp

■ 書店／販売店のご注文窓口
株式会社インプレス 受注センター
TEL 048-449-8040
FAX 048-449-8041

ミニフライス盤CNC化実践マニュアル(Think IT Books)

2016年 2月 21日 初版発行

著　者　榊 正憲

発行人　土田米一
発行所　株式会社インプレス
〒101-0051　東京都千代田区神田神保町一丁目105番地
TEL 03-6837-4635（出版営業統括部）
ホームページ　http://book.impress.co.jp/

印刷所　京葉流通倉庫株式会社

ISBN978-4-8443-8009-2 C3055
Printed in Japan